中洞式山地酪農の

Textbook of the Nakahora System of
Free Range Dairy Farming on Hills

教科書

中洞 正

Tadashi Nakahora

岩手県下閉伊郡岩泉町に位置する標高720m総面積130haの「完全放牧農場」。なかほら牧場は酪農ビジネスと乳牛たちの幸せの両立を目指した、牛たちの楽園

生も死も自然のままを実現する 365 日完全放牧。そこでは出産、生育すらも牛たちの自然に任せる。舎飼いからは想像もできない美しい世界

農薬や化学処理を一切使わない野シバを自由気ままに食む、なかほら牧場の乳牛
たち。広がるのは、ただ、ただのどかな光景

牛たちのイキイキ
した姿に、スタッ
フたちも日々元気
をもらっている

45年間牛たちを見つめ続けてきた中洞。牛たちとともに人生を過ごし、生きる糧を求めてきた。そんな彼は牛たちにとって、「仲間」か「父親」か。自然と彼の周りには牛たちが集まってくる

仔牛たちの大切な食べ物を頂いているという意識を忘れない。その大切な生乳を加工するための設備には高機能とこだわりを欠かさない

中洞式
山地酪農の教科書

中洞　正

はじめに

　山地酪農とは、戦後まもなく植物学者猶原 恭 爾理学博士によって提唱された山地を利用した放牧酪農である。

　私が山地酪農を初めて知ったのは大学2年の時だった。今から47年、約半世紀も前の事となる。それから様々な紆余曲折を経て現在まで続けてこられたことは奇跡的ともいえよう。何度となく試練が立ちはだかり「俺の人生はこれで終わりだ」と考えたこともある。しかし、それを何とか乗り切ってきたのは山地酪農への使命感のようなものだったろう。

　山地酪農の提唱者、猶原恭爾博士の著書『日本の山地酪農』の前書きには次のような件がある。

　「『江戸は三代続かず』は江戸時代の言葉である。『首府は国民の墓場である』は19世紀のベルリンで言われた言葉である。都市生活は心身の耗弱を招き華やかに見える都市生活には亡者への落とし穴や迷路があまたあることを言っている。土から離れた生活はみじめである」と。まさに半世紀前に現在のコロナ禍を予言しているとも思える。

　続いて山地酪農の使命は、「低生産のまま放置されている山地を高度の生産地にすることにある。そして牛を良くするものでもなく、また草地社会を良くするものでもなく、創造的生産によって日本の人間社会をよくするものである」と。

　私は高校、大学と一貫して酪農を勉強してきた。様々な酪農関係の本も読み、酪農指導者や優秀な酪農家の話を聞き著書も読んだが、猶原博士の言葉ほど心を打つ言葉は見つからなかった。

　これらの言葉は半世紀も経た現在にこそ通ずるものがある。日本の国土の約7割にも及ぶ山地が何の生産性もないまま放置されている。その姿は半世紀前よりむしろ悪化している。大雨が降る度、日本各地で山崩れが発生したり、野生動物のいわゆる獣害など山地の反逆ともいえる現象が頻繁

に発生したりしているのである。

　また昨今、世界中を震撼させているコロナ禍は土から離れた経済様式の末路とも言えはしまいか。グローバル経済の名のもとに自然環境を破壊し1億半病人ともいわれる心身の耗弱を招いた国民の姿を猶原博士は察していたのだろう。大都市の「密」の解消は地方に産業を創設することである。その産業として最適なものが「山地酪農」である。

　私は幼少の時から牛のいる生活をしていたことで、小学5〜6年の頃は将来の夢として「牛飼いになる」と断言していたことを今でも鮮明に思い出す。その後、大学を卒業する時には生涯を山地酪農に賭けることを決意した。

　資金もなく土地もなく、現在地に入植するまで7年の歳月を要した。広域農業開発事業の一環として岩手県岩泉町の現在地に入植したのである。総面積約50haのうち手付かずの山林が約20haもあり、これを活用すれば山地酪農が可能となると確信しての入植であった。しかし国の補助事業であるが故、行政関係の指導者が営農指導と称し頻繁に出入りするようになった。

　そこではじめて、山地酪農がこの業界では異端児的手法であることをまざまざと実感したのである。乳量が少ないということが彼らにとっては経営の大きなマイナス要因であるということで高泌乳を目指すような指導をされた。

　猶原博士の指導では、年間乳量1頭当たり4,000kg以上の搾乳量は強く戒めていた。しかし、行政側の指導者は野シバ放牧地についても生産性が低い、栄養価が低いなどと猶原博士の指導とは相反するものであった。しかし私は頑なに山地酪農にこだわり続けた。

　1987年（昭和62年）、農協を中心とする業界は乳脂肪分3.5%の基準を酪農家に要求した。その当時のホルスタイン種の平均的乳脂肪分は3.3〜3.5%と言われていた。この基準によって放牧をはじめとする青草給餌は全否定され、通年サイレージ、乾草に配合飼料という飼料給餌体系が一般化し、ウシは牛舎に閉じ込められた。この基準によって山地酪農をはじめとする放牧酪農は日本から雲散霧消してしまった。

私も夏場は3.5％をクリアーできず乳価が半値にされ苦境に立たされた。その後アウトサイダーと呼ばれ、農協や行政からは不当な圧力を受けながらも牛乳の直売を試みて、なんとか経営を維持することが出来た。当初は保健所の許可を得られるプラントを作る事は到底不可能だったため、無許可で「ないしょの牛乳」として宅配を始めた。宅配だったから、内緒で販売することができたのである。思いのほか順調に宅配本数が増え、いつまでも内緒にできなくなり、地元の小さな牛乳工場に委託加工をお願いした。

　その後、販売量も右肩上がりに増え、自社のプラントを建設し売り上げを順調に伸ばしていった。牛乳、ヨーグルト、アイスクリーム、ソフトクリーム、バターの商品開発をして宅配、自然食宅配業者への卸、百貨店、直売店での販売を行ってきた。

　また中洞式山地酪農の企業牧場の創業コンサルを手掛け島根県、京都府、栃木県、北海道で山地酪農の創設に関わって牧場、牛乳プラントの建設を手掛けてきた。

　林地を活用した林間放牧のノウハウもこの間に構築してきた。これら一連のノウハウを山地酪農を志す後継者のためにできるだけ詳しく伝えることが、この拙論の目的である。

　齢、70になろうとしている私だが、まだまだその使命は大きいと思っている。この著書は後世への贈り物と思ってペンを走らせている。

2022年7月吉日

中洞牧場創設者
中洞　正

目　次

第4章　中洞式山地酪農を振り返る

第5章　たくましき後継者たち

第1章
我が国の酪農史

1 牛乳は薬だった（奈良時代から江戸時代まで）

　我が国の酪農史の記録は、平安初期に嵯峨天皇の命により編纂された「新撰姓氏録」に始まる。高麗からの帰化人である知聰の子、福常（別名・善那）が第36代孝徳天皇（596〜654）に牛乳を献上し、天皇から賞されて和薬使主の姓を賜った。その後、牛乳院という組織が作られ、乳長上という職掌が天皇のための牛乳を搾っていたと記されている。

　江戸時代に入り、8代将軍吉宗が千葉県の嶺岡（現南房総市）に幕府直営の牧場を開き、インドの白牛を飼っていたと記されている。これが、千葉県が日本酪農発祥の地といわれるゆえんである。それらはいずれも将軍家御用達の薬用、もしくは今でいうサプリメントとして飲用されていたもので、庶民が日常的に口にする飲料ではなかった。

2 文明開化による殖産産業としての都市搾乳業

　明治維新以後、横浜や函館、神戸など主要な港に外国人が住むようになる。外国人たちは母国から連れて来た乳牛で乳を搾り、自ら飲んでいた。その姿を見た日本人は外国人の体型の大きさに驚き「これは牛乳を飲んでいるからだ」と考えたことから、外国人の牧場で修行する人が増えた。

　その中の一人、千葉県長生郡白子町生まれの前田留吉という人が、外国人の牧場で修行した後、日本人で初めて、民間で「生業」としての搾乳業を始めた。これをもって、横浜が日本酪農発祥の地といわれることになる。また、武士社会が終焉し禄（給与）をはく奪された武士の殖産産業として、搾乳業が東京を中心に広がっていった。富裕層や文化人はこぞって牛乳を飲み、牛肉を食する習慣も広がった。しかし一般庶民にとってはまだまだ高嶺の花であり、薬やサプリメント的な飲み物であった。

近代的産業であった搾乳業には政治家や事業家、文人墨客が多くかかわっていた。その中には総理大臣を務めた山縣有朋、旧幕臣で函館五稜郭で最後まで新政府と闘いながら敗北後も新政府から重用され、東京農業大学の創始者となった榎本武陽がいた。さらには、大蔵大臣を務め日本銀行を創設した松方正義、『野菊の墓』で有名な小説家の伊藤左千夫や芥川龍之介の実父の搾乳業創業にはあの渋沢栄一もかかわったとの記録もある。この様にそうそうたる人材が自らウシを飼い搾乳業を始めたのである。

　搾乳業は当時とすれば、もっともハイカラな産業だったのである。しかもその中心は東京は赤坂、日枝神社周辺だったというから驚く。しかしながら販売の面では有利だった都市での搾乳業も、糞尿や異臭の問題などから徐々に郊外に移転せざるを得なくなった。特に、まだ牛乳を生産しない子牛や育成牛は、近郊の埼玉県や千葉県、神奈川県などの農家に預けられるようになり、関東地方は徐々に大酪農地帯となっていった。

3　練乳、粉乳による地方酪農の開化

　都市で発達した搾乳業は徐々に地方へと移行していったが、当初、地方はブリーダー的な牛飼いを行なっていた。子ウシを生産し、育成牛から初妊牛として都市の搾乳業者に販売するという形の産業である。こうして地方で乳牛の飼育が盛んになるが、子ウシを生ませれば当然、母ウシは乳を出す。その牛乳は販売先がないため、子ウシに飲ませるか自家消費するかで、余った牛乳は廃棄するしかなかった。

　当地、岩手県岩泉町には、地元で「レンニュ」と呼ばれる工場があった。1929年（昭和4年）に設立された明治製乳株式会社、のちの明治乳業株式会社岩泉工場である。交通網が未発達で冷蔵輸送もまだない時代、貯蔵性の高い乳製品は練乳や粉乳だったのである。当時、日本のチベットとさえ呼ばれていた岩泉町は、県都盛岡まででもトラックで4〜5時間を有する交通不便な地域であった。

　ブリーダー的農家が多くいて、そこで搾られる牛乳を何とか製品にするため、地元の有志が明治乳業に働きかけて練乳工場の誘致に成功したので

ある。その中でも、岩泉町長や岩手県会議員などを務めながら、「ベゴ安」と呼ばれるほど酪農の普及に尽力した佐々木安五郎は誘致運動の中心的人物であった。

安五郎の長男、佐々木林治郎は東京大学農学部の教授で乳製品製造学の権威であった。明治乳業との繋がりも太く、林治郎による明治乳業への働きかけも大きかったと想像できる。明治乳業の誘致成功により、ブリーダーとしての牛飼いが牛乳を販売することで真の酪農家となったわけだ。

当時、日本の植民地であった台湾では砂糖の生産が盛んとなっていた。そのような背景もあり、明治製糖株式会社の砂糖と明治乳業の練乳のコラボによって、ロングセラー商品として今に残る「明治ミルクキャラメル」が生まれたのである。全国各地に練乳工場や粉乳工場が建てられ、地方の酪農が急激に発達した時期でもあった。

4 国境産業としての北海道酪農

明治維新以後、北海道の開拓が本格化し、屯田兵政策に代表される国境守備と農業を兼ね備えた開拓事業が進められた。しかしコメなどの主穀農業は気候的に厳しいこともあり、当然のように酪農に目が向けられるようになる。

エドウィン・ダンやホーレス・ケプロンをはじめとする欧米の酪農指導者を招聘し、その指導の下、日本酪農の父と呼ばれる宇都宮仙太郎、牛づくりの神様と称された町村敬貴、雪印乳業（現・雪印メグミルク株式会社）の土台を築いた黒澤酉蔵などが北海道酪農を牽引した。冷害に強い農業としての草地酪農の普及を、国を挙げて推進したのである。そこには搾乳業的酪農とは趣を全く異にする牧畜としての酪農が、しかも欧米並みの大型放牧酪農が広まった。

5 農業基本法による大規模・工業型酪農

1961年（昭和36年）、戦後農政の基盤となる「農業基本法」が制定され

た。その中で酪農は果樹などと共に、成長農産物として選択的拡大作目に指定された。それまでの他の作目との複合的小規模酪農から、専業的大型酪農へと大きく舵を切ったのである。

　1965年（昭和40年）の1戸当たりの平均飼養頭数は3〜4頭。それが、ほぼ半世紀後の2021年（令和3年）には約100頭まで増加した。その一方、飼養農家数はピーク時の1963年（昭和38年）の41万戸から、令和3年には1万3千戸まで激減した。特筆すべきは、この規模の拡大と乳量の増加である。

　現在はメガファームと称して数千頭のウシを飼育する飼養農家も多い。ウシの改良を重ねることで、1日1頭当たり30〜50L、中には100Lに近い牛乳を出すウシもいる。この流れが、山地酪農を基本とする北海道の放牧酪農を崩壊させた大きな要因といえる。

※エドウィン・ダン
真駒内用水路の父とも呼ばれる、北海道開拓のために招かれた外国人指導者のひとり。1873年（明治6年）にアメリカから来日し、北海道における畜産業の普及、開発や、酪農、乳製品、食肉の加工ほか、さまざまな技術を伝えた。

※ホーレス・ケプロン
アメリカの農務長官の職を辞して北海道の開拓指導のために来日。農業だけでなく道路建設、工業などの各分野で建設的な提言を行って北海道開発の基盤をつくり、札幌農学校（現・北海道大学）の開設を明治政府に提言するなど教育にも尽力した。

第2章
猶原恭爾博士と山地酪農

1 猶原恭爾博士について

　そうした時流に背を向け、日本の風土にあった酪農のあり方を提唱したのが、猶原 恭 爾博士である。猶原博士は1908年（明治41年）、岡山県高梁市の薬局に生まれた。母親が植物に精通した人で、自宅の庭のみならず近くのあぜ道や道ばた、山野に自生する植物の名前をすべてといえるほどよく知る博学な人だったという。その影響もあり、自らも東北帝国大学（現・東北大学）理学部へ進み植物生態学を学んだ。卒業後は財団法人資源科学研究所研究員、国立科学博物館植物研究部研究官を務めた。

　自らの研究をいかに社会のために役立つ研究にするかを真剣に考える中で、研究対象である草を効率的に活用するには酪農がもっとも効果的であることに気付いた。しかも日本の国土の約7割を占める山地が放置されている現状を見て、日本固有の野シバを活かし、山地の林間で牛を放牧する「山地酪農」の研究に没頭していく。

　机上の研究のみならず、荒川の河川敷で自ら牛を飼うという実践の研究者でもあった。その姿は昭和の文豪、井上靖の小説『満ちて来る潮』に準主人公、真壁礼作として取り上げられている。

　東京農業大学山地酪農研究会での講義や、全国に点在する山地酪農家の現地指導などを精力的に続けていった。これらはすべて無償で行われ、一切の報酬を求めなかったという。

2 山地酪農の使命と目的

　「はじめに」でも触れたとおり、猶原博士は著書『日本の山地酪農』で、山地酪農の使命と目的について次のように述べている。

山地酪農の使命は、低生産性のまま放置されている山地を高度の生
　　産地にすることにある。そして牛を良くするのでもなく、また草地社
　　会を良くするのでもなく、創造的生産によって、日本の人間社会を良
　　くするのが使命である。
　　　この使命のもとに、山地地帯に、i) 創造性、ii) 安定性、iii) 拡大性
　　を備えた農家を創設して、民族の源泉を培うのも、使命であり、かつ
　　目的である。

　私はこの「使命と目的」に若き心を踊らされた。「創造的生産によって
日本の人間社会を良くするのが使命である」というくだりには、それまで
ただ単に憧れ的に思っていた酪農という産業が、社会を良くするという可
能性に気付かされた。健全な産業は健全な国民を生み、そして健全な国家
を形成するのである。浅学非才の農学徒にとって、これまで全く結びつか
ない考えであった。
　産業というものの社会性について認識したのもこの時であった。その視
点で昨今の産業界を見ると、利益重視が先行し、地球環境を破壊してまで
も利益最優先の道をとっているように感じる。社会のための産業というこ
とがないがしろにされているのではなかろうか。

3　創造性について

　猶原博士はまた、次のような意味のことを記している。
　草地において、植物は日光をエネルギーとして無機物の炭酸ガスと水か
らでん粉と脂肪をつくり、植物が利用可能な唯一の窒素である無機態窒素
から植物性タンパク質をつくる。それを食べる乳牛の働きによって、人間
にとってエネルギーやタンパク質の供給効率が高い牛乳や牛体ができる。
　「この創造によって国民生活に貢献すると共に、自らは繁栄を期する」
とあり、酪農の本質は植物の光合成であることにも気付かされた。
　私は中学卒業とともに、究極の反自然的酪農である「カス酪」（食品残
渣を餌とする都市型酪農）を体験していた。そのため、牛乳を可能な限り

多く搾ることが酪農の目的であると思っていた。

　そんな私にとって、自然の摂理と共生し、そのことが永続的産業となること。ひいては、それが国家社会の形成要素となるという思想に「創造性」という言葉が大きく響いた。

　現在は土から離れた酪農が一般化しているという現状がある。配合飼料の原料である穀物飼料のほとんどを海外から輸入し、飼料購入費は経費の半分を占めている。配合飼料のみならず、草までも輸入に依存している現在の日本酪農には「創造性」の欠片すら見えないのではないか。

4　拡大性について

　猶原博士の著書『日本の山地酪農』は、約半世紀前に上梓（じょうし）されたものである。現在の酪農、牛乳の現状と比較しては、隔世（かくせい）の感があまりに大きいことは否めない。

　とりわけ牛乳の消費に関しては、当時は、拡大の一途をたどっていた時代である。一方、現在は、消費は低迷を続け、特にコロナ禍もあって生産調整の声も出始めている。酪農家数も急激に減少し続け、最盛期の20分の1以下まで減少をしている。

　このような中、山地酪農のみに拡大性が潜んでいるとは言いがたい。しかし国土的観点から見れば、山地酪農には大きな拡大性を見出すことができよう。国土面積の7割にも及ぶ山地が放置されている状況は、半世紀前よりもさらに悪化している。

　限界集落から崩壊集落と化した山村が全国に数多く存在している。その集落の住人が所有している山林は所有者が不明となり、大多数が放置されているのだ。

　この問題を解決しなければ、日本の国土利用が有効に機能しないことは明白である。そしてその利用方法を国が率先して考え、国土の効率的利用を図る必要が差し迫っている。そこに、山地酪農という手法をもって山村と地方の活性化を推進することは、創造性においても拡大性においても、非常に有効な手段であることを訴えたい。

特に今般のコロナ禍で人々は、大都市集中型経済システムの破綻を目の当たりにしたはずだ。限界を迎えている大都市集中型の社会から、地方産業の創設に向かうという意味においても、山地酪農は発展性と拡大性を有し、そして大いなる可能性をもちあわせていると言えよう。

5　山地酪農の成否について

　猶原博士は言う。「事業が何のために存在し、いかに社会のためになるかを真摯に考えると、乳量や頭数の多少・牧草収量の多少、酪農施設機具の整備、あるいは品評会の賞状や、一時点における経営の表彰状などに気をとられている情景をしばしば見るが、それは永続性のある事業の評価ではない」と。

　それは、大量の資金と労力を投入して、長い年月をかけて確立しなければならない山地酪農の構想、およびその実現への過程を誤る恐れさえあることだと。

　猶原博士は続ける。「山地酪農が真に成功しているか否かは、①山地地帯で、②創造的生産によって、③農家が繁栄しているか、④その繁栄に安定性と拡大性が備わっているか、⑤さらに、家族全員が心身共に健全であるか、そして⑥子女がわが家の経営に希望と誇りを持っているかによって判定すべきであろう」と言い、乳量などの近視眼的要素で経営を判断することが大きな過ちの原因となると警鐘を鳴らしている。

6　山地酪農の主要要因

　猶原博士は「山地酪農の主要要因」について、自然環境からウシ、資金、機械のことまで網羅して考えていた。その中で山地酪農の適格牛、山地酪農の人的要因について、私の意見を述べたい。

ア）山地酪農の適格牛について

　山地に適合するのは、足腰が丈夫で体が小さいウシである。現在日本に

飼育されているウシではジャージー種が最も適していると思う。

　日本の酪農家には自らの生産物に対しての価格決定権がない。農協が大多数の酪農家の販売先であり、農協が決めた価格で牛乳を買い取られている。そのため酪農家に与えられた経営手法は乳量を増やすしかなく、ひたすらに乳量の追及に走らざるを得なかった。

　その結果、半世紀前の乳量と比べれば倍増し、乳牛は1頭で年間1万kgにもならんとする牛乳を生産するように改良されてきた。改良の進んだスーパーカウと呼ばれているウシのなかには、2万kg以上乳を出すウシもいる。このようなウシを急峻な山地に放牧しても、草を食べることはおろか歩くこともできない。

　改良の進んだ乳牛は体が大きく、1t近い牛も多い。そのようなウシは山地には不適である。

　猶原博士はホルスタインでも山地に適合できると著書の中で述べているが、なにせ半世紀前のこと。この半世紀の間に改良が進み、大型化されたホルスタインは山地には不向きなウシになってしまった。

　ジャージー種の大きな欠点は乳量が少ないことで、ホルスタインの半分程度の乳量しか望めない。しかし中洞式山地酪農の場合は、生産から販売まで一貫して自ら行い、価格決定権も持っている。山地酪農の商品はまだまだ希少価値であり、1L1000円でも求められ、売れている実績がある。

イ）人的要因について

　猶原博士は「人的要因」として次の3つを挙げている。①知性、②体力、③開拓勤労精神である。

　私自身の考えを付け加えれば、基本は体力と考える。酪農という肉体労働をするから体力が必要というだけでなく、人間が生きるために根本的な必要なものが体力なのだと。体力があるから気力もしっかりしてくる。体力と気力が充実したところに、知性も自ずとついてくると考えている。

　そのうえで、知性を磨くということはどういうことか。私には不得手な分野であるが、先輩たちにはすばらしい知性を備えた酪農家がいた。

　私が学生時代に実習をした日野水一郎という酪農家は、一風変わった経

歴の持ち主であった。日野水は東京大学法学部卒で、農林省の官僚から一介の開拓者として八ケ岳山麓、山梨県大泉開拓（現、北杜市）に入植したのである。

　戦後まもなく、まだ農業機械もあまり普及していないころの開拓作業には、筆舌に尽くしがたい苦労があっただろう。日野水はヨーロッパアルプスの「アルペン酪農」を視察研究する機会に恵まれ、スイスをはじめとする各国を訪問した。

　その時に集めた資料や写真は3mもの高さに達したという。それをもとに上梓したのが『アルペン酪農をめざして』という名著である。私の実習中にも汚れた作業服のまま原稿用紙に向かっており、その姿が今も脳裏から離れない。

　もう一人は高知県の岡崎正英である。私が岡崎牧場に視察に行ったとき通された書斎は、大学の研究室のようだった。二宮尊徳をはじめとする多くの書籍が本棚に所狭しと並んでいた。岡崎にも『農のこころ』『大地に生きる』『土に生きる』という3冊の著書がある。おそらく農作業の合間、寸暇を惜しんで原稿用紙に向かって執筆をしていたのだろう。

　いずれも農作業のかたわら、これほどまでに本を読み、ワープロなどない時代に自らの手で、経験を交えた知見を後に続く者たちのために書き綴る。そういった努力を欠かさなかった先輩たちである。こういう人たちだからこそ、山地酪農のすばらしさを判断できたのだろう。

　この二人の知的農民からの知遇を得て、私も知性の重要性を真剣に考えるようになった。知性を磨くために努力をしなければならないということに思い至った。

　知性は、さまざまな障害にぶつかったときに、ひとつの指標となってくれるものである。山地酪農は、今でこそ多少は評価されるようになってきたものの、猶原博士をはじめ、諸先輩方や私が始めた当初はまったく理解されなかった。無理解のまま酪農業界につぶされたのが山地酪農ともいえる。

　苦境のときの選択肢として方向転換するか、坐して経営破綻を招くか――。そこまでの選択を迫られたときに、私が直売という方法でなんとか乗

著者の蔵書

り切れたのも、それまでの勉強によって得てきた知識と、そこから派生する判断力や考察力、決断力などに助けられてのことだと思う。

とはいえ、酪農作業後の勉強はたやすいことではない。農作業の傍らで知性を身につけるには読書が手っ取り早いが、日中の肉体労働後の読書は、むしろ至難の業である。晴耕雨読とよく言われるが、酪農家は雨が降っても作業を欠かすことはできない。牛舎作業が終わり妻と二人で遅い夕飯を食べていると、箸を持ったまま二人で居眠りをしているのが常であった。

しかし、そんな時でも1行でも良いから読書の習慣をつけるように頑張ってきた。その結果として、出版社、編集者やライターの協力のもと、今日までに4冊の自著を上梓することができたのである。

第3章
中洞式山地酪農技術論

1 中洞式山地酪農とは

　中洞式山地酪農とは、猶原博士が提唱した野シバを放牧地の主体草とし、林間放牧を取り入れた山地酪農をベースに、私が独自に実践してきた商品開発、販売、牛乳工場の建設までを含めた方法と定義している。

　戦後間もなくから1980年（昭和55年）ころまで、牛乳の消費は拡大の一途をたどっていた。山地酪農の経営も成り立っており、販売に関しては従来通り農協への販売にとどまっていた。しかしその後、乳量や乳脂肪分の問題で山地酪農が不利になる条件付けが続き、普通に農協に出荷しているのでは経営が成り立たないようになっていった。そのため、生き残るために直売という方法を探っていった。

　最初は当然業者に委託して牛乳を瓶詰めしていた。販売も軌道に乗ってくると、自分で工場をもって瓶詰めしたほうが、はるかにプラスになるという計算が成り立ち、瓶詰め工場を建設した。牛乳の他の乳製品にしても、最初は委託で市販できる商品を開発していたが、すべて自分たちで作れるようプラントを含めて開発していった。

　牛乳工場や乳製品工場は、大規模に運営されるものがほとんどで、その分、あちこちにあるものではない。建設にしても、修理を含めた管理・運営にしても、専門の業者に頼むと莫大な金額がかかるので、商品の開発・製造からプラントの建設・維持運営までを含め、試行錯誤しながらノウハウを構築していった。

　こうして開発した乳製品製造工場の設計、建築、機器の選定、設置工事と合わせて乳製品の製造、販売を含んだものを中洞式山地酪農と呼んでいる。この技術をもとに、中洞牧場での研修を経て全国各地で独立開業している若者が10数名いる。

　山地活用による国土保全や地方の活性化という山地酪農の意義に加え、

中洞式には牛乳や乳製品など、自らが生み出した商品の価格設定が自分でできるというメリットがある。それは自分の牧場経営の想いを社会に発信していけるということでもある。

2　山地酪農家の生活

　酪農家というのは、ウシを飼いながら乳を搾ることを生業とする。

　一般の酪農家であれば、牛舎の中でウシに餌をやり、乳を搾って農協に出荷するのが仕事であり、現在では四季を通してほぼ同じ作業を繰り返している。

　かつての酪農家は、牧場に生える青い草を刈り取ってウシにやっていた。しかし規模を拡大し頭数を増やすにつれ、それが叶わなくなっていった。そのうえ1987年（昭和62年）からは、乳および乳製品の成分規格等に関する省令（以下乳等省令）で規定された牛乳の乳脂肪分3.0％以上というルールに対し、乳業界が独自に乳脂肪分3.5％以上という基準を規定した。

　この規定が山地酪農の崩壊につながった。乳業界は実質上の寡占状態である。その独自基準をクリアするためには配合飼料を用いるしかない。ウシが本来食べる生の青草をやると脂肪分は3.5％を下回り乳価が半値にされた。しかもその脂肪分は草の水分などによって変わるため、季節や土地の状態によって変動する。それが自然な状態なのだ。

　ウシに自然な生活をさせる限り、業界基準を満たせないのだ。そのため、現代の一般的な酪農家で青草、生草を食べさせている酪農家はほとんどいない。放牧はおろか、青草給餌でウシを飼育している酪農家を私は知らない。

　一般の人が乳牛と聞いてイメージするのは、牛舎の中で1頭1頭つながれ、その場で穀物の飼料を多く食べさせられ、乳を搾られ、寝るという姿ではないだろうか。子ウシを生めば、初乳を飲ませるや否や引き離され、二度と我が子に会うことはない。子ウシは哺乳瓶で与えられる粉ミルクで育つ。そういった密飼いのウシたちの多くは自由に方向転換をすることも叶わないようなスペースの柵の中で一生のほとんどを過ごす。

　山地酪農家は、ウシの力を借り、山地や草原を管理しながら乳を搾る。

山地酪農家の四季

餌はその土地にあり、化学的な餌や食品添加物的な餌は使わない。中洞式山地酪農家は、そうして搾った乳を加工し販売する。

山地酪農家の四季

　そこには、一般的な酪農家の生活にはない四季折々の作業がある。

　春の雪解けとともにウシは山に向かう。冬の間はサイレージという、乾燥させた牧草を丸めた餌を食べているので、とにかく青草が待ち遠しいのだ。

　ウシを出す前に、人間が山の状態を確認しておく必要がある。人の手で刈り込んでいない牧場の外には木がある。葉がついて食べものが多くあるように見えるため、牛は柵を乗り越えていこうとする。電気牧柵が冬の間に雪で切れたり壊れたりしていると、そこから牛が脱柵する危険があるので、ウシが山に出る前に柵の修理を済ませておく。

　夏から秋にかけては、ウシは自由に山を歩き回って草を食べ、人間はウシの様子を見ながら越冬飼料のサイレージづくりに励む。それに並行して

山づくりを続ける。不要な木々の伐採や、掃除刈りという不食草の刈り払いなどが主な作業となる。

青草を食べたウシや出産したウシがたくさん乳を出す時期でもあり、プラントでは毎日のように商品を作って販売する。

冬になると、夏の間に刈り取った牧草のサイレージをエサとして与える。中洞牧場の場合、冬はマイナス20℃ほどまで下がる日もあるが、ウシは外で生活している。ウシは暑さには弱いが寒さには強い動物だ。もともとはウシをすべて収容して生活させるだけの牛舎がなかったから冬でも外に出していたのだが、結果として健康なウシをつくることにつながることがわかった。

生きものは寒い環境で生活するとエネルギーを消耗する。エネルギーを補充するために食べる量が増える。すると、ウシの場合はルーメンと呼ばれる第1胃が発達する。草をたくさん食べて消化できる腹ができることで、栄養価の低い野シバでも必要な栄養をカバーできる量を食べられるウシになるのだ。

3 放牧牛の生態と牛の管理

前述のように中洞牧場では、通年昼夜放牧を行い、ウシたちは一日中外で過ごす。そのため牛舎で飼うウシとは異なる視点で管理しなければならない。

中洞牧場の大部分は傾斜地であり、35°、40°の急斜面や崖のようなところもある。ウシは習性として等高線上を歩く。最初に歩くウシは、石のように硬い4つの爪で山を少しずつ削りながら進んでいく。山が多少削られた等高線上を、後に続くウシが歩いていく。そのうちに、下駄やサンダルでも歩ける牛道ができていく。そうして急峻な斜面で覆われた山であっても、ウシが草を食べる牧場になっていく。

日本在来の野シバを使うのもポイントである。匍匐茎や地下茎、ランナー（走出枝）とも呼ばれる、地上を低く這って覆うような草がいい。縦横無尽に根と茎を張りめぐらし、土をおさえてくれるので山としての保水

・鹿陰林

冬のエサ場

・住居棟（ログハウス）

・牛乳工場

・搾乳棟

・電気柵

山地酪農の牧場風景

力が高まるだけでなく土砂崩れも防いでくれる。

　2016年（平成28年）に東北地方を直撃した台風10号では、近隣でも多くの山が崩れた。しかし私たちの山は一切崩れていない。収量や栄養価だけを見れば、今の一般的な酪農家が使う外来牧草が優れている。しかし山の保全まで考えた酪農をするのであれば、野シバ以上に適した植物はないと断言できる。

　夫婦ふたりでウシを飼っていたころは、山に行ったウシが帰ってくるのを待って乳を搾っていた。冬場であれば午後5時くらいには帰ってくる。暑い時期は9時くらいになることもあった。ウシは暑さに弱いので、夏の日中は食事もせずにじっと木陰で涼んでいる。夕方涼しくなってからようやく草を食べ始め、お腹がいっぱいになるのは7時過ぎ。もちろんみんなで声を掛け合って帰ってくるわけではないので、満足したウシからバラバラに戻ってくる。

　そこから乳搾りが始まるので、作業を終えると夜も更けているが、ウシのライフスタイルに合わせて作業するのが一番自然であると同時に効率的でもあり、ウシにも人にもストレスが少ない。

　今は従業員も多く人手があることと、ある程度は作業時間の管理も必要となるため、3時か4時になると山にウシを迎えに行くようにしている。

　たとえ迎えに行かなくてもウシは自分で牛舎に帰ってくるが、それは乳を搾ってもらえることと、おやつをもらえるからだ。おやつには北海道産のサトウダイコンから作られるビートパルプや、同じく北海道産のアッペン麦（圧片小麦と書き、小麦をロールで押しつぶしたもの）、宮城県産の焙煎大豆など、基本的に国産の自然なもののなかから、ウシが好む飼料を与える。

　おやつを与えることで、牛舎に帰って乳を搾ってもらう習慣をつけると同時に、ウシを1カ所に集めることで、ウシの体調を観察する時間を設けることができる。大好きなおやつをこぞって一生懸命に食べるので、食欲のないウシがいれば分かりやすい。

　また、体調が悪いウシは山に行きたがらない。山に行ってもお腹が膨れていない。そういう様子をよく見て、体調を推測し管理する。

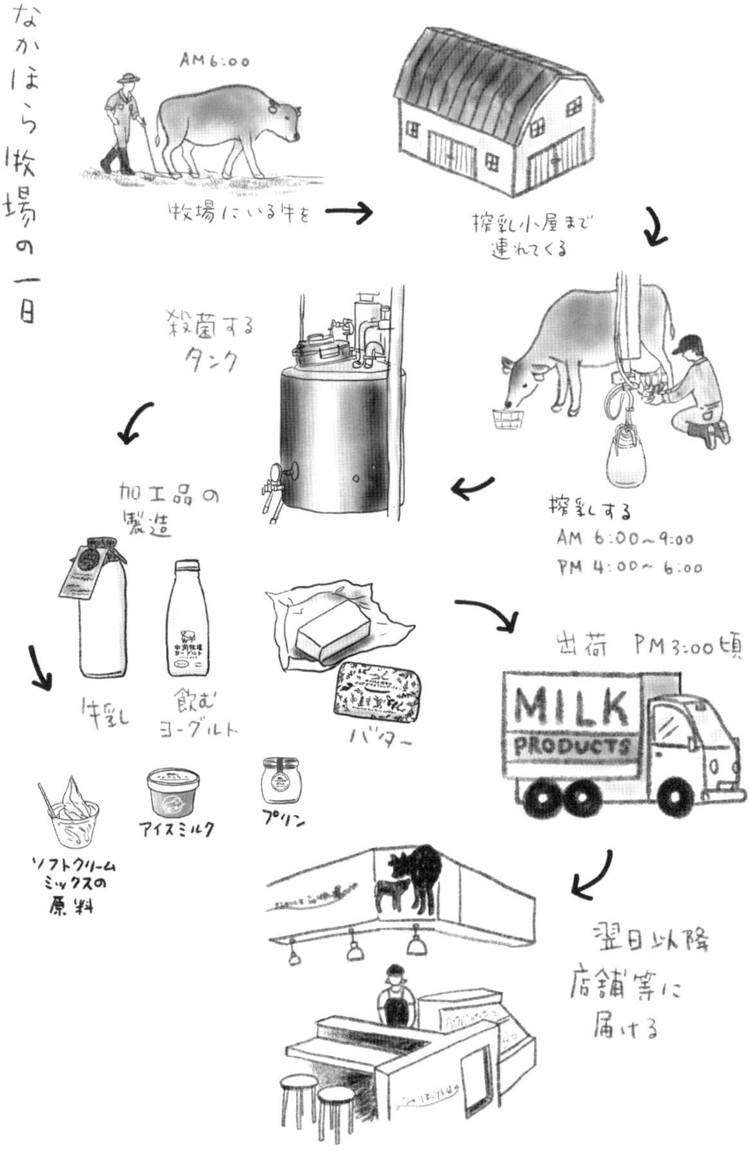

なかほら牧場の一日

AM6:00

牧場にいる牛を

搾乳小屋まで
連れてくる

殺菌する
タンク

搾乳する
AM 6:00〜9:00
PM 4:00〜6:00

加工品の
製造

牛乳

飲む
ヨーグルト

バター

出荷　PM3:00頃

MILK
PRODUCTS

アイスミルク

プリン

ソフトクリーム
ミックスの
原料

翌日以降
店舗等に
届ける

ウシの生態に合わせた自然放牧をしていると体調を崩すウシはあまりいないが、病気や事故がないわけではない。子ウシや体調が悪そうなウシに関しては、牛舎に入れ、藁をしいてあたたかくしてやるといった世話が必要なときもある。

　春先に気温が上がってくると、寝ている時に下の雪がとけて、ごろんと仰向けになって起きられなくなることがある。すると第1胃にガスがたまり、夕方元気だったウシが朝行ったら死んでいたということもある。

　それらはウシ本来の生活の中で起きることであり、そういった事故が危ないから牛舎に入れるというのは本末転倒な解決法といえるだろう。リスクを乗り越えて生き延びられるウシをつくっていくのがあるべき姿であると考える。

ア）ウシの導入

　一般的な酪農家にとっていいウシとは、乳をたくさん出すウシである。ホルスタインはそのために改良を加えられた品種だ。1日1頭あたり平均30L、なかには100Lも搾る酪農家もいる。それが可能なウシが"いいウシ"ということになる。

　それに対し山地酪農では、山で生活できるウシがいいウシだ。乳量は、1日10L程度の乳を出せればいい。その乳量で農協に出すと採算がとれないが、直販で価格決定権があるから質にもこだわれる。

　一般のウシの見方とは違う山地酪農に適したウシの導入の際の注意点としては、以下のようなものがある。

①高泌乳牛（多量の乳を出すよう改良された牛）の子ウシはなじまないので控える
②放牧慣れしていることが望ましい
③順応しやすい若いウシであること
④山地の生活に耐える四肢強健で肋（第一胃）の張った小型のウシであること

　このような条件を考えると、そもそも山地酪農に適したウシを市場など

山地酪農は親ウシと子ウシを同じ場所で放牧し、子ウシは野シバの食べ方、生活する場所
を親ウシから学んでいく

で購入するのは困難である。そのため中洞牧場で研修した者は、この牧場
からウシを連れていくことが多い。

　また、茶色で小型のジャージー種は、乳牛の中ではそれほど改良が進ん
でいない牛種だ。改良が進んでいないから体が小さく、ホルスタインの半
分くらいしか乳量がない。ウシ本来の足腰の丈夫さも失われておらず、一
般に流通している牛種の中では、山に適合できる唯一の乳牛といえる。

イ）育成の仕方

　山地酪農は基本的に、親ウシと子ウシを同じ場所で放牧する。その中で
子ウシたちは自生している野シバや野草の食べ方、生活する場所、木のあ
りかなど、生きる上で必要なことを全て親ウシや周りのウシから学んでいく。

　越冬飼料は配合飼料などの濃厚飼料をできるだけ控え、良質の乾草を飽
食させる。それにより第一胃が発達し、草だけで乳を出せるウシになる。

ウ）受精

　現在、日本のほぼ100%の酪農家が人工授精であるのに対し、中洞牧場の受精は牛群に種オスを一緒に放牧する自然交配である。人工授精と異なり発情の発見の必要がなく、受胎率も人工授精よりも高いので人間の労力も軽減することができる。

　ただしオスウシは年齢を重ねるについて縄張り意識が強くなり、スタッフ以外の人を襲うような行動をすることがある。また、近親交配を避ける観点からも、3年くらいで種オスの交代を考えなければならない。

　少頭数の場合、オスウシを飼うのは経済的にムダが多くなるので人工授精が良い。

エ）分娩

　メスウシは受胎後280日ほどで子ウシを産む。ウシは基本的に群で行動をするが、分娩が近くなると群から離れ、林などで出産することが多い。中洞牧場では厳しい冬以外は、通常、放牧地で分娩をさせている。

　分娩前後は牛の体調の変化が起こりやすく、いつも以上にウシの状態を観察しなければならないが、健康なウシであれば助産の必要はない。これは普段から野山を歩き、配合飼料を与えないことで過肥にならず、強靭な足腰があるからこそ可能なことだ。

　分娩すると子ウシの体をよく舐めて乾かし、親としての愛情を注ぐ。山の奥地で生んだ場合も親が搾乳場まで連れてくる。

　自然交配をしていると、2月と3月に分娩が多くなってくる。これは子ウシが2月〜4月まで母乳で育ち、5月に野シバのスプリングラッシュ（春先に急速に草が伸びる現象）が起きるころに、草を食べられる大きさになるというサイクルが出来ているからだ。また、この時期の草は栄養価が高く薬効があるとされているので、子ウシの育成には最高の草である。

メスウシは分娩すると子ウシをよく舐め乾かす

山の奥地で産んだメスウシは子ウシを連れてくる

オ）哺乳

　一般的な酪農では、子ウシは分娩後すぐに親ウシから引き離され、初乳を飲んだ後は代用乳と呼ばれる粉ミルクを与えられる。粉ミルクは数分で飲み終わるため、子ウシは栄養的には満たされてはいるが、母親の乳首に吸い付くという動物本来の本能が阻害される。その結果として、牛舎の設備や、他の子ウシの耳やヘソに吸い付く行動が見られることがある。

　一方、自然哺乳では、冬の極寒期のみを省いて、子ウシは母ウシのそばにいて飲みたい時に乳を飲み、長時間乳首に吸い付いていることができる。

　このことにより、栄養と行動的欲求を同時に満たすことができる。

カ）離乳

　母牛より2カ月ほど自然哺乳をした後、離乳をするために子ウシを牛舎に隔離する。離れたくない母子は3日位は互いに泣いて呼び続ける。隔離した直後に与えるのは、いわゆる子ウシ用の配合飼料（スターターと呼ばれている）ではない。冬期間は良質の乾草、放牧期間であれば十分に生草を与える。

　離乳期間とすれば3カ月位だが、この間に人間との信頼関係を築き上げるのも作業のひとつである。ある特定の人間にのみ懐くのではなく、人そのものを信頼できると認識させるために、いろいろな人間に触れ合ってもらうと良い。そして十分に肋（第一胃）が張り、親子ともに離れ離れの生活に慣れたころ、子ウシを放牧地に戻す。

キ）搾乳

　牧場作業で一番神経を使う作業が搾乳業務である。生産・製造・販売と一貫生産する中で、この作業をいい加減にやってしまうと、味の良くない生乳が混入したり、細菌数、大腸菌群数が増えたりして、良い製品には向かない生乳となる。特に低温殺菌牛乳は衛生管理には細心の注意を心がけなければいけない。

　中洞牧場での搾乳作業の手順を紹介する。

子ウシは母ウシのそばで飲みたい時に乳を飲む

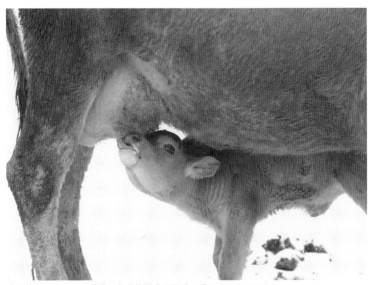

乳を飲むことにより栄養と行動的欲求を同時に満たすことができる

①牛をパーラー（搾乳施設）に入れ、乳房を一本一本ていねいに殺菌済のタオルで拭く。乳頭の先をよりていねいに拭きあげる。

②前搾りを乳頭1本10回程度、力強く行い血乳など異常がないか確認する。

③シャーレに各分房から牛乳を取り（2mℓ）、同量のＰＬテスター（乳房炎判定溶液）を入れてゆっくり混ぜ合わせ判定する。

④乳頭消毒液（ディピング剤）で消毒する。

⑤ペーパータオルできれいに拭き上げ、素早くミルカーを乳頭にかける。ミルカーを蹴られ地面についたりした場合は、殺菌済みタオルできれいに拭き上げたミルカーをかけなおす。

⑥3〜5分後、搾乳量が少なくなったら、ミルカーが地面につかないように持ちながら外す。

⑦残乳がないか確認し、乳汁口からバイ菌が入らないようにプレディピング（搾乳後の環境性細菌の除去）をする。

　一般的な酪農家と違う点は、毎日全頭ＰＬテスターでチェックをする点である。これにより、乳房炎を早期に発見することができる。また週に1回、搾乳牛全頭について各分房の試飲チェックをする。作業者がおいしいと思える牛乳しか出荷するという信念はもちろん、ＰＬテスターでは反応しない乳房炎の発見にも役立っている。

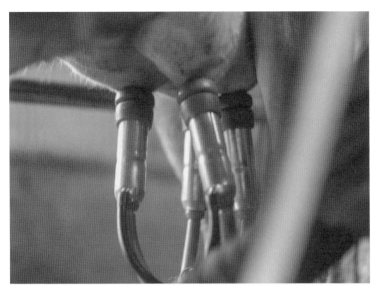

搾乳は乳房を殺菌済みのタオルで拭き、ウシの乳頭にミルカーをかける

Ⅰ項　開業準備編

1 開業資金の調達方法

　新規に牧場を創設するための最初の問題は、開業資金の調達である。著者が提唱する「女性ひとりでもできる酪農」は3〜4頭のウシで採算が取れる手法であるが、それでも数百万から1000万円程度の資金は必要となる。

　土地の購入費または借地料、牧場整備費用（作業道の建設、牧柵建設、牛舎建設費など）、直売する売店、製品を作るプラントはどうしても欠かせない設備である。

　資金を確保する方法としては、自己資金のほか各種の融資制度を利用することも検討したい。

各種融資制度

ア) 農林水産省・ 就農支援資金制度	①就農施設等資金	
	融資限度額 融資期間	3,700万円 12年（うち5年以内据置）
	窓口	各都道府県農業会議
イ) 日本政策金融公庫・ 国民生活事業	①新規開発資金	
	融資限度額 融資期間 運転資金	7,200万円（うち運転資金4,800万円） 設備資金20年以内（うち3年以内の据置） 7年以内（うち1年以内据置）
	②女性、若者/シニア企業化支援資金	
	条件は①の新規開発資金に準ずる	
ウ) 日本政策金融公庫・ 中小企業事業	①女性、若者/シニア企業化支援資金	
	融資限度額 融資期間	7億2,000万円（うち運転資金2億5,000万円） 設備資金20年以内（うち2年以内、据置）
	窓口	日本政策銀行各支店、金融機関

エ)	①創業資金		
都道府県・融資制度	融資限度額	1,000万円（新規創業）	
	融資期間	設備投資　7年以内（据置1年以内）	
各都道府県によって制度や条件が違うためここでは岩手県の例を挙げる。	運転資金	5年以内（据置1年以内）	
	②いわて企業家育成資金		
	融資限度	設備資金　4,000万円	
		運転資金　2,000万円	
	融資期間	設備資金　15年以内（うち据置2年以内）	
	運転資金	10年以内（うち据置1年以内）	
	窓口	各都道府県商工関係部署	
オ)	①某水産関係会社への投資		
投資ファンド	出資額	一口5,000円　上限口数100口	
	出資金の総額	7,500,000円	
小規模のビジネスに少額の資金を投資して生産される商品でリターンを受ける仕組みのファンドである。償還のリスクがなく最も安全な資金調達方法である。あるファンドの内容を紹介する。	出資金の使途	設備費、原材料費、修理費など	
	投資家特典	生産される海産物商品を口数に応じて年1回配当を受ける。	
	②某グリーンツーリズム関係会社への投資		
	出資額	一口50,000円　上限口数5口	
	出資額	10,000,000円	
	出資金の使途	人件費の一部	
	投資家特典	営業者が企画するオリジナル商品を口数に応じて年一回配当を受ける。	
	窓口	投資会社	

2 事業計画の立て方

　融資や投資を受けるためには、事業計画書が重要なポイントとなる。事業の長期的展望の概略を示しつつ、競合他社との比較をし、優位性を明示する必要がある。

　また中洞式山地酪農の場合は、その最大の特徴である自然放牧、輸入飼

料不使用などの特徴を訴えたい。そのために、金融関係者にはブラックボックスとなっている酪農業界の密飼いの現状や、農協独占の流通をリアルに訴えることが有効である。

　事業計画書に列記する数字は、信憑性のある現実的数字を明記すること。金融関係者は数字のプロであるので、過大な数字や信憑性のない数字には反応が敏感である。

事業計画書の概要

ア) **事業の概略と展望**	ここでは現状の酪農と山地酪農の違いを詳しく述べ、将来の明るい事業展望を説明する。また事業者として、この事業に賭ける熱意、情熱、ロマンを理解してもらえる内容にしたい。著者も初めて地元の銀行から融資を受けた時、担当支店長から「人物に融資した」と言われ、気の引き締まる思いをした経験がある。
イ) **事業者の経歴**	いままでの経歴のうち、山地酪農に関係することを詳しく説明する。大学などが農業系であればそれも重要な経歴になる。また学生時代での研修経験や卒業後の経験も詳しく述べたい。
ウ) **創業事業費の内訳**	融資や投資を受けた資金を、どのような内訳で活用するかを明確に記す。特に設備資金では導入する設備や機械などのサイズや金額を分かりやすく記載する。売り上げに直結する機械設備を優先した事業費の分配をしたい。
エ) **売り上げ計画**	ここでは卸、直売などの販売方法別または商品別、取引先別に5〜10年後までの売り上げ計画を表で表す。
オ) **年次損益計画**	5〜10年後までの損益計画を前項の売り上げ計画を元にして作成する。損益は年次ごとの損益計算書で表す。損益計算書の主な項目は下記の通り。 ①売上高（年間の販売金額） ②製造原価（プラントで商品製造のためにかかった経費） ③販売費及び一般管理費（販売営業・一般事務費などの経費） ④営業利益（売上高−製造原価−販管費） ⑤経常利益（営業利益−営業外費用−営業外収益）

II 項　牧場技術編

1　土地の選定

　土地の選定は事業開始での最も大きな要素であるが、優位な土地だけ選択できるわけはないので、ここでは最低限の条件を示す。

　放牧地の草生産量を考えれば、土地は日射量の多い南向きが有利である。特にシバ草地は好日性の植物であるため、北向きの斜面と南向きのそれとでは生産量に大きな差が出るが南向きの山だけ入手するのはほとんど不可能である。

　地目が山林であれば特段の規制はなく、誰でも土地の取得は可能であるが、森林法による保安林に指定されている場所がある。その場合は立木の伐採や作業道工事に規制がかかることがあるので事前に調べ指定されている場合は予め地元自治体に牧場として使用できるか否かを相談してから入手すべきである。

　農地であれば農地法の規制により農業者でなければ取得できないので、地元法務局で前もって地目を調べなければならない。もしその土地が農地であれば、地元の農業委員会に相談する。

　傾斜度は緩慢な土地であるにこしたことはないが、一部分に斜度30～40°程度の急斜面があっても構わない。搾乳所やプラント敷地は、可能な限り平地でなければならない。重機を使って平地にすることは可能であるが、軟弱地盤や盛り土に建物を建てることは避けたい。特に搾乳所周りのパドックは、一頭あたり50～100㎡は確保したい。積雪地帯や雨量の多い地域では、パドックの泥濘化が問題になるので、狭いパドックに多頭数を置くことは避けた方がよい。

　越冬用のサイレージを収穫する採草地も、車やトラクターが入れる傾斜度が必要であるが、放牧地は30°以下であれば十分に放牧可能である。一部40°程度の場所があっても放牧地として利用したい。40°といえば人が立つとまさに「崖」であるが、山に慣れた牛は四本の足でしっかり立ち、

等高線上に歩きながら草を食べる。

　主要道路からのアクセス、電気、水の確保は絶対条件である。主要道路からの道は、可能な限り他人の所有地を通らないほうが無難である。どうしても他人の所有地を通る場合でも、契約書などを取り交わしておかなければならない。

　水は公共の水道が最も良いが、山地地帯ではそれを望むのはほとんど不可能である。飼育頭数が少なければタンクで毎日水を運ぶ形でも対応できるが、沢水、湧水、井戸水を利用することも前提にしなければならない。沢水は上流に民家や田畑があると水質汚染が発生している可能性が大きい。また大雨で沢水が汚れたり増水することによって給水施設が破壊されることもある。

　牛舎関係の水やウシの飲料水であれば、沢水でも利用できないことはないが、乳製品製造のプラントには沢水は利用できない。プラントの水は井戸水にしたいので、予めボーリングをして水源と水量、水質を確認したい。水質は地元保健所で検査してもらえる。電気は既存配線から引き込まなければならないので、施設建設現場から既存配線までの距離をはかり、可能な限り既存配線に近い場所を施設用地として選定したい。

2　牧柵の建設
ア）パドックの柵

　パドックとは搾乳所に入るまでウシが待機している場所である。ウシが密集するため柵には単管パイプを使うとよい。既製品の単管パイプは1本の長さが4mなので、それを半分の2mに切断して50cm程度の深さに埋め込み杭とする。埋め込む方法はバックホーで押し込むのが手っ取り早いが、ランマーという杭うち専用の道具を使って人力で埋め込む方法もある。

　横棒となるパイプを単管クランプを使って杭に固定する。杭にラジェットスパナを使ってクランプの片側を固定して、クランプを開いておけばクランプの上に横棒のパイプを乗せることができ、一人でも楽に組み立てることができるため、作業性が非常によい。横棒はウシが飛び越えたり間を

抜けたりしない高さおよび段数にする。上段の横棒は1.2m ～ 1.5mで30 ～ 40cmの間隔で3 ～ 4段程度が望ましい。

　単管パイプの牧柵は、後に述べる有刺鉄線や電気牧柵と比べて初期の設備費用が割高となるが、耐久性が高くウシの脱柵の危険性が低い牧柵を作ることが可能である。広範囲の放牧地に設置するには費用がかかりすぎるので、パドックなどの牛が集中する場所に使いたい。

　丸太で作る場合は、丸太の皮をはぎ防腐剤を塗ると耐用年数が長くなる。丸太の皮はぎには立木が地面から水を吸い上げる春先に伐採して皮をはげばなた一本で簡単に剥ぐことができる。出来れば早春に伐採して皮をむき乾燥させておきたい。

　杭で土中に入れる部分は防腐剤を塗るか、その部分だけ火中にいれ黒く焦がすだけでも腐りにくくなる。杭に適した樹木は栗の木である。「栗は鉄より丈夫だ」と地元の古老たちは言っていた。中洞牧場の隣接地で昔、放牧地としていた場所に今でも立っている栗の杭があるが、私が知っている限りでも40年になる。地表に出ている部分は今でもほとんど腐っていない。

　横木は真っ直ぐに伸びて丈夫な唐松が良い。杉もまっすぐに伸びているため使いやすいが、腐食が早く牧柵には適さない。杭に横木を結束するにはナマシ番線を「シノ」という道具を使って結束する。

イ）有刺鉄線による牧柵

　有刺鉄線は放牧地の牧柵としてよく利用されている。物理柵として効果は高いが、資材が重く扱いにくいことから設置に労力がかかる。設置する際には、まず作業道の工事が必要となる。車が通れる3m程度の幅の道を作ることができれば望ましい。車は通れなくても牧柵の設置場所は3 ～ 4mくらいの幅で下草を刈り払っておく。この時作業道の中心に刈った草が集まらないように注意する。

　次に杭を立てる。杭は約4m間隔で、バックホーやランマー、カケヤという木製の大きな木槌で打ち込む。そこに有刺鉄線を張って釘を使って有刺鉄線を留める。この時、釘は下向きに打ち曲げて留める。特に積雪地帯

バックホー

ナマシ番線

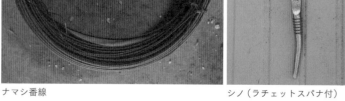

シノ（ラチェットスパナ付）

では雪の重みで有刺鉄線が切れてしまうことがあるが、釘を下向きに留めていれば雪の重みで開いて線が落ちるだけで切れることはない。有刺鉄線は4段に張るとよい。

有刺鉄線は重いので2人で並列に並んで運ぶ。また、線は可能な限り強く張った方が良いが、弱い支柱の場合は後から張る線をあまり強く引くと先に張った線がゆるむので気を付ける。

さらに杭と杭の間の有刺鉄線を広がらないようにするため、各段の有刺鉄線同士を木の棒やワイヤーなどでつなぐ。これを間柱という。

ウ）電気牧柵

電気牧柵は有刺鉄線に比べて物理柵としての効果は低いが、触れると電気が流れるためウシが牧柵に近寄らなくなり、心理柵としての効果が高い。また比較的安価で設置や移動が容易という利点もある。

電気牧柵は、用いる牧柵線によってポリエチレンワイヤーに細い針金を編み込んだポリワイヤータイプ（簡易線）と、太い金属線を用いる高張力鋼線（高張線）の2種類に分けられる。高張線は簡易線よりも物理柵としての効果が高いが、コストや設置の労力の面からも有刺鉄線と簡易線の特徴を併せ持った中間的な位置づけの牧柵である。

電気牧柵を設置する際には、まず設置場所を約2mの幅で刈り払っておくか、バックホーで作業道を作っておく。刈り払う場合は刈り残しが牧柵にかかると漏電の原因となるので注意する。次に設置場所の外周に沿って5～6mおきにポールを立てる。ゲートとなる場所や急なカーブ、コーナーや距離の長い場所には、木柱やコーナー用のポールなど、必要に応じて丈夫なものを用いる。また、牧柵が林の中を通る場合は、立ち木に碍子を取り付けて利用してもよい。

支柱を立てた後、電牧線を張る。線の間隔、段数は地上から50㎝、90㎝程度の2段張りか、地上から50㎝、80㎝、110㎝程度の3段張りが一般的である。特に脱柵が心配な箇所は4段張りにすることもある。簡易線の場合はあらかじめポールに専用のクリップを取り付けておき、そこに線を引っ掛けながら張っていくとよい。高張力鋼線の場合は繰り出し機を使っ

て線を引っ張っていき、巻取り式緊張具で締め付けることにより比較的簡単に張ることができる。高張線を張った後に、間柱として専用のバトンクリップを付けたポールを5～6m間隔で取り付ける。

　電牧柵を張り終えたらゲートを設置する。ステンレスワイヤーが編み込まれて伸縮性があり、ハンドルがついてバンジーゲートを用いると開閉も容易である。

　最後に電源装置を接続する。電源装置には、家庭用電源に接続するものやソーラーパネルとバッテリーが付いているものなどがある。いずれも電源装置から伸びている2本のケーブルのうち、アースケーブルを地面に打ち込んだアースに接続し、通電ケーブルを電牧線に接続する。さらに2段や3段に電牧線を張っている場合は、すべての線に電気を流すために横線間を電牧線で縦につなぐ。

　電気牧柵を用いる際に注意しなければならないのは漏電である。下草が伸びてきて線に触れたり、特に林地では小枝などが引っかかったりすることがある。定期的に牧柵の外周の見回りをして下草刈りを行い、電圧テスターを利用して電圧を確認することが必要である。

3　水飲み場について

　牛飲馬食のごとくにウシは大量の水を飲む。水飲み場は放牧地内では水量が少なければ沢水でもかまわない。水量が多い河川が敷地内にあってもウシが入ると水質汚染の原因になるので、利用するのは極力避けたい。

　人為的に水飲み場をつくる場合は、泥寧化を防ぐために基礎をコンクリートで広めに作り、その上にコンクリート製のU字溝などを乗せて水飲み場を作る。寒冷地で冬場も利用する場合は、水を直接温める投げ込み式ヒーターや配管の凍結防止用のコードヒータを付けなければならないので、電源も確保しなければならない。水飲み場の蛇口にボールタップと呼ばれる器具を付けて、ウシが吸飲して水量が少なくなると自動的に給水され、満杯になると水が止まる仕組みにする。

電気牧柵

バンジーゲート

4 庇陰林について

　夏場の放牧地の暑さ対策として庇陰林を設けたい。庇陰場所は風通しの良い高台に樹木を残し日陰を作りたい。その近くに水飲み場があれば最適であるが現実的には高台に水飲み場を作るのは難しい。風通しの悪いところには、いくら日陰があって水があってもウシは集まらない。またウシが集中するために糞尿も集中するが、高台の庇陰は風通したよいため、泥濘化の心配はほとんどない。

　庇陰林の選定は人間の判断とウシの判断が違う場合があるので、庇陰林として残しておきたい場所を放牧地内に数カ所、樹木を伐採しないで残しておく。数年後にウシがその中の適地を選び庇陰林となる。

5 避難林について

　暴風雪時の避難場所となる林を避難林という。避難林は庇陰林とは全く逆の条件が必要である。当然風当たりの少ない場所に、冬でも葉がある常緑樹で周辺を囲みたい。また可能な限り牛舎近くで平地が良い。

　避難林の樹木は西南地方では常緑広葉樹で良いが、東北以北では常緑広葉樹が少なく、特に北東北や北海道では全くないので針葉樹を利用する。

　避難林が狭い面積だと泥濘化して糞尿の流出に繋がったり、樹木の枯死が発生したりすることも考えられるので、可能な限り広い面積で積雪の時は除雪出来るような樹木の配列を考える必要がある。

6 パドックの建設

　牛舎周辺のウシのたまり場をパドックという。ここはウシの踏みつけによる泥濘化が激しくなるので、コンクリートやアスファルトを敷きたい。しかしこれらの方法は高額な費用がかかるので、ここでは簡易なパドックの建設方法を説明する。

　パドックの中でも最も激しく泥濘化するところは搾乳所への出入り口や水飲み場、補食用の乾草やサイレージを給与する草架付近である。その辺

りを中心に重機で40～50cm程度の深さに土をとり、有孔管と呼ばれる暗渠パイプを並べ「岩ずり」と呼ばれる砕石場から出るクズ砕石を入れ、その上に80mm程度の大粒の砕石を20～30cmの厚さに敷き、次にその上に40mm～30mm程度の砕石を敷き、更に貝殻を20cm程度の厚さに敷く。また貝殻が入手できないところでは細かい砕石や真砂土と呼ばれる花こう岩が風化した砂状の土を敷いても良い。

7 湿地の対応

　放牧地内に湿地がある場合はその深さを鉄棒などで確認する。あまりにも深いと牛がのめりこんで脱出できなくなることがある。湿地の解消には暗渠工事を行わなければならない。暗渠工事には砕石など経費がかさむ場合は明渠工事でも構わない。

　湿地面積が狭い場合は柵を設置して牛が入らないようにしてもいい。

8 作業道の作り方

　放牧地の作業道は牧柵設置工事前に放牧地の隣接境界ぎりぎりに設置したい。作業道設置工事直後は掘削により山が傷ついたような景観になるが、野シバが蔓延ってくれば作業道も野シバ草地に遷移する。後々の放牧地作業のことを考えれば可能な限り多くの作業道があれば便利である。

9 バックホー（油圧ショベル）による作業道工事について

　油圧ショベルは一般的にはバックホーとかユンボと呼ばれている。バックホーの運転資格に関しては車両で公道を走れるタイプのものがあるが、この場合は道路交通法に準拠し大型特殊免許が必要である。また建設業界などでは車両系建設機械運転技能講習修了書が必要となるが、自分の山に作業道を付ける工事には法的にしばられるものはない。しかし、バックホーの運転には、大きな危険が伴い、バックホーが関係した死亡事故は、

新しく作った作業道は地面がむきだし

年を追うごとに野シバにおおわれていく

毎年発生している。

　作業前には周辺の環境をよく確認し、人が周りにいないこと、ブームやアームの障害となるもののないことを確認する。作業道工事の時はバックホーが自由に旋回できるだけの幅広い道幅をとり、路肩を十分に鎮圧して固めながら前進する。盛り土となる路肩は崩れやすいので山側は深めに土をとり、路肩側は土を高めに盛りながら、道全体にバックホーで前後走行を繰り返し、鎮圧を徹底して固める。

　作業中は前進とバックを繰り返しながらの作業になるが、バックをするときは必ず旋回し視野を体ごと後方に向けてバックをする。前向きのままバックをすると後方の視野が狭くなり、路肩からキャタピラが外れ転落事故につながる恐れがある。旋回するときに障害となる木などは予め除去しておく。

　まだ野シバがしげらないうちに大雨が降ると作業道に大量の雨水が流れ道が崩壊する恐れもある。それを防止するためには鎮圧を徹底し、雨水が集中する場所には横断土側溝（車が通れる深さに道を掘り水を崖側に流す）を作る。

10 バックホーの操作方法

次にバックホーの操作方法を述べる。バックホーの操作装置は、操作レバー、安全レバー、走行レバー等があり、それらがおのおの各操作弁に繋がっていて、操作レバーでブームの上げ・下げ、アームやバケットの作動、旋回、ができる。操作レバーから手を離すと作業レバーを中立位置に戻り、旋回体、アーム、及びブーム、バケットはその位置に保持できる。

バックホー

11 作業道を作る

作業道の工事は木の葉が落ちる晩秋から積雪になる前の時期が見通しが効き作業がはかどる。作業道を作るコースを確認することが重要であるが、木々の落葉前は木の葉が邪魔をして先を見渡すことができず方向を決めるのが難しくなるので、落葉後晩秋から積雪になる前の時期が最適である。現在はドローンを活用しながら進む方向を確認することができる。

作業道を作るには山側の土をバケットで掘りその土を路肩側に積み重ね、それを鎮圧し前進しながら作り進むのだが以下その作業の要点を述べる。

ア）水切り用の横断土側溝を作る

平坦な作業道が続いているのであれば問題はないが、前述したように作

業道にもカーブや上り坂や下り坂がある。特に斜度がある坂道の場合、雨が降ると作業道を侵食する恐れがある。長雨の場合、作業道を全て流してしまうこともある。このため横断土側溝を作り、水を崖側に流す必要がある。

この時、大量の土砂が河川や沢に流れてしまう恐れがあるので、河川や沢には出来る限り直接流さないようにしたい。水を流す先を野シバや雑草に覆われた平坦な方へ向けると、野シバや雑草が土砂流出を防いでくれる。

イ）可能な限り放牧地の外周を回す

作業道は出来るだけ放牧地全体を車で移動できるようにする。放牧地の外周に作業道を作ると牧柵の設置工事、修理、牛の見回り作業で非常に便利である。またUターンやスイッチターンができる場所を出来るだけ多く設けるとその後の作業が大いにはかどる。

ウ）障害木の伐採

木がうっそうと生えている場所にバックホーが入ると旋回が困難になる。そこで無理な操作を行うと、バケットシリンダーやアームシリンダーの脇にある油圧ホースを傷つけてしまう恐れがある。また、立ち木をバックホーで倒すと、木に土がかぶりチェーンソーで切りにくくなり片付けづらい。

そこで、はじめに根から1メートルくらいの高さで木を伐採する。次にバックホーのバケットを使って、伐った切株に爪を引っ掛け手前に寄せる。すると、木を根ごと掘り起こすことができる。これは無闇やたらに土を掘り返すことがなくなるので、山の損傷を最小限に留めることができるし、掘り起こし根は路肩の土留めとしても活用できる。

12 間伐とその効果

林間放牧地では、林床に日光を当て採食可能な植生を作るために、間伐を行う。牛を林地に放牧し茫々に生えた下草を採食することによって下草が絶えてしまう。この状態を続けることは放牧地としての役割が激減してしまうとともに、水源涵養の働きも弱まってしまう。

間伐によって林床に日光が当たり採食可能な下草を増殖させ放牧地としての活用を高め、水源涵養の働きも高める。

また放牧地の景観を考えて間伐を進めたい。樹木は美しい花をつけるもの、紅葉や木肌の綺麗な樹木、芽吹きの美しい樹木などがあるのでそれらの配置を考えて放牧地全体の景観を考慮する。そのような意味からも間伐作業は大地をキャンバスにするアーティスト的感性も要求される。

当然ながら用材などに用いられる有価木などは残したい。

13 野シバ放牧地造成の作業手順

ここでは間伐作業手順について簡潔に述べる。

ア）放牧地を計画している場所に有刺鉄線や電気牧柵を張る。

イ）ウシを放ち下草を採食させる。これをジャングル放牧と呼ぶ。採食によって下草がなくなれば間伐作業がやりやすくなる。

ウ）間伐木を景観、土壌浸食等を考慮して決めマーキングする。

エ）間伐して倒木したらその葉を牛が採食する。これは葉っぱのエサとしての活用とともに倒木した枝の整理の面での労力軽減の二重効果がある。その後枝切り、玉切りをして残った枝を積み上げておき、ある程度乾燥したら火入れ（切った枝を燃やす）する。

オ）間伐箇所に乾草などの補食をばらまき給与して干し草の種子の飛散と糞尿の還元を図る。

カ）間伐した箇所に、野シバの移植や播種をする。

キ）不食草の掃除刈りを頻繁に行う。

14 間伐の道具

間伐するためには、チェーンソー、ナタ、ノコギリ、間伐材を運ぶための車などが要る。チェーンソーは伐採したり用途に合わせて玉切りしたりするのに使う。ナタやノコは主に伐採木の枝切りなどに使う。ナタやノコは頻繁に使うので腰にぶら下げても邪魔にならない程度の大きさが良い。

間伐した枝の葉を食べる牛たち

あまり小さいと作業効率が落ちる。また大きな丸太を移動するためには鳶
口と呼ばれる道具を使うと作業が楽になる。

ア) チェーンソーの使い方

　チェーンソーの取り扱いはとても危険なもので十分気を付けたい。初心
者は、熟練した人に教わってから使うべきである。作業に当たってはヘル
メット、ホイッスルは必需で一人作業は行うべきでない。

　まず伐採木の周辺の雑草や雑木などを刈り払い周辺環境を整えて足場を
しっかり固定する。不安定な足場だと力が入らない上に転倒の危険もあり、
とっさの時逃げられない可能性がある。特に広葉樹は枝の配置によって倒
れる方向を見定めるのが難しく作業者の方へ倒れてくる場合もある。

　立ち位置は倒す方向と逆方向に立ち、斜面ではさらに山側に立つことを
徹底してもらいたい。伐採する時に注意すべきことは倒れる時の木の動き
である。他の木にぶつかったり、蔓が絡まったりすると思わぬ方向に倒れ
ることもあるので注意したい。

イ）ナタの使い方

ナタはチェーンソーよりは安全であるが刃物なので気を付けて扱わなければならない。この場合も足場をしっかり固定する、伐採、切断する時は必ず体に当たらないように体と並行に振り下ろすのが安全である。

特に膝に当たる事故が多くあるので振り下ろす方向を考えて作業する。木の繊維に対し鉈を直角に振り下ろしての切断は難しい。木の繊維に対し30 〜 40°程度の角度で刃を入れると切断しやすくなる。

ナタ（中洞が40年以上愛用している）

間伐の道具（左から大鎌、トビグチ、チェンソー、ナタ）

ウ）鋸の使い方

　刃が切り口に食い込むまではずれないように慎重に切り、食い込んだらゆっくりと刃を手前から奥まで全体の刃を使ってゆっくり切る。切り終わる時に力が入りすぎて鋸が体にあたり怪我をすることがある。

　チェーンソー、ノコ、ナタなどの刃物は頻繁に刃の手入れを行うことが作業効率の上で大切である。刃の手入れは熟練を要するので専門家からの指導を仰ぎたい。

15 広葉樹林の萌芽更新林

　切り株からひこばえが生え、新たな広葉樹林を形成する繁殖方法を萌芽更新という。広葉樹のほとんどはウシに葉を食べられてしまうので幼木時期の3〜4年は簡易電牧などを張りウシに食べられるのを防ぐ。ひこばえの成長点がウシの口先以上の高さになるまで禁牧しなければならない。

　3〜4年禁牧したら放牧を始める。下草や背丈の低いひこばえをウシが食べ、背丈の高いひこばえだけが残り新たな広葉樹林が形成される。「もやがき」というひこばえの刈り取りで、樹勢の良いひこばえだけを残す方法が真っ直ぐな無節の用材を作るために重要な作業である。また若い木は成長が大盛であり昨今の二酸化炭素による地球温暖化対策にも通ずる。

ア）残す有価木

　用材として将来価値が出てくる木、例えば建築材に適したものや家具材に適したものは残したい。

　栗は比較的軽く加工しやすく、水湿によく耐え保存性が高くかつては鉄道の枕木などの土台材によく使われていた。楢は重硬で家具用材や器具材に適しており、薪炭材としても使われていた。イタヤはやや重硬で家具材・楽器材や建築内装材などに適している。

　栃は家具材に適している。栃の花は貴重な蜜源である。餅つきに使われる臼はケヤキがよく使われるが昔は栃も使われていた。それだけ丈夫な木なのである。朴(ホオ)は軽軟材で漆器の素地や刃物の鞘(さや)、下駄の歯などの加工に向く。

松は加工が容易で水湿に強く耐久性に富むので建築材で幅広く用いられる。私が子供のころは松舟と呼ばれる松の大木で作った水槽が小川に設置されていた記憶がある。杉は軽軟で加工が容易であるので建築材料で最も多く用いられている。唐松は重硬で耐久性、耐湿性に優れているので家屋の土台や屋根板、船舶にも使われたり牧柵にも適している。松類の中で唯一落葉するので落葉松とも呼ばれている。

イ）景観のための木

中洞牧場には豊かな四季がある。春にはまず芽吹きによる紅葉があり、そしてコブシや桜が咲き徐々に緑が出てくる。夏は深緑の季節では空以外は一面緑であるが、一本一本が皆違った表情を持っている。秋は紅葉もあり実りもある。

厳しい冬ではほとんどの木は落葉してしまっており、山肌が見えるだけで景色が一変する。さらに雪が積もると白銀の世界になる。こういった豊かな春夏秋冬の中で特に残していきたい木を選抜していく。

白樺は幹の白さと深緑の色合いが印象的だが、春の芽吹きもとても綺麗である。ウリハダカエデは秋の紅葉である。先ほど紹介した唐松は秋の紅葉と、春の芽吹きがきれいである。花を咲かせるのはコブシ、山桜、ヤマナシが挙げられる。ヤマナシに関しては果実も食べられる。他にはサルナシ、栗、栃、楢、山葡萄なども残していきたい木の実である。

16 越冬飼料の確保

野シバを放牧地の主体草とし、林間放牧を取り入れた山地酪農においては、山に草がなくなる冬期の越冬飼料の確保は重要である。

猶原博士は越冬飼料について次のように述べている。「放牧も大事だが、良い越冬飼料の確保がどんなに大切かを体得しなければならない。越冬飼料の自給量を越冬頭数の上限にしなければならない」と言っている。

高温多湿な我が国において乾草の調整は難しいので、サイレージを主として越冬飼料を確保すべきである。サイレージとは、青刈りした飼料作物

を空気に触れさせない嫌気発酵させて栄養価を保持し、牛の嗜好性を高めたもののことを言う。このサイレージをいかに上手く作り、高栄養価な飼料を十分量収穫できるかが冬期のウシの体調と乳量を大きく左右する。

サイレージ作りは夏から秋にかけて行う。その流れは天候や気候を読みながら慎重に、一方で収穫も適切な時期に素早く行わなければならないため、酪農家にとっては一年の中で最も重要な作業のひとつである。

中洞牧場では、積雪時でもトラクターが入れる平らな草地にウシを放し、そこでサイレージ、乾草などを出来るだけ広範囲にばらまき給餌する。ウシの頭数よりも多くサイレージを点在させることで、弱いウシも均等に食べることができるよう配慮している。

その日の給餌量は、朝晩給与したサイレージの残りの量で判断する。あまり大量に給餌すると食べ残しが大量になりムダが出る。ムダを省きつつウシを満腹状態にすることに留意すべきである。

ばらまき給餌は、糞尿の分散にも役立つ。同じ場所で給餌をすれば糞尿もその場所に集中するので糞尿の処理をしなければならなくなる。また、雨が降ればその糞尿が流れ出す恐れもある。中洞牧場では、外来種の牧草や在来種の野草でサイレージを作っている。

牧草は年に2〜3回程度収穫できる。日本で栽培されている牧草のほとんどが北方系の外来草のため、一番草といわれる晩春から初夏にかけての草が収量、栄養分ともに最も良い。

しかしこの時期の日本は梅雨期である。刈り取り後、雨に当てると品質が急激に劣化するので刈り取り時は十分に天候を確認することが重要である。

サイレージを作るためのサイロには以下のようなものがある。

ア）ロールベールラップサイレージ

従来のサイレージの作り方は、草地で刈り取った青草をサイロまで運び、切断してサイロに吹き上げるというのが一般的だった。この方法は運搬や鎮圧などのため多くの労力を必要とした。

ロールベールラップサイレージは、刈り取った青草をその場でロールベーラという機械を使って円柱状に成型し、ラッピングマシーンでラッピ

ングする。これでラップサイレージの完成である。この方法により作業者が一人でもサイレージを作れるようになり、作業効率は大幅に向上した。

このサイロの利点は、特別な設備がなくとも、省コストでサイレージが作れる点にある。

イ）トレンチサイロ

トレンチサイロはトレンチ（trench）溝、堀のサイロ、つまり地面に穴を掘り、そこに牧草を詰めるサイロのことである。このサイロの利点は、特別な設備がなくともサイレージを作れることにある。

ただし、穴からサイレージを取り出すのに労力がかかるという欠点もある。また、掘った穴の側面が崩れないよう、コンクリートやビニールなどで覆ってやる必要がある。穴に牧草を詰め込んだ後は、トラクターで踏圧を行い、ビニールシートをかぶせ、その上に土を盛るなどして気密性を高める。

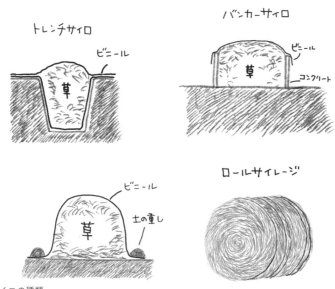

サイロの種類

このサイレージ調整の手順はロールベールラップサイレージの手順と同じである。その後、カッターで細くした牧草をそれぞれのサイロに詰め込む作業となる。こうして詰め込んだ牧草を踏圧してビニールで覆い土をかぶせることで、1〜2カ月程度でサイレージとなる。

ウ) バンカーサイロ

バンカーサイロは前頁のイラストのような形状で、コンクリート製のものが一般的である。この型のサイロは省コストで作れて、サイレージの取り出しや詰め込みも容易なため、多くの酪農家が用いている。取り出しやすいよう、詰め込みを行った後にはビニールシートの上にタイヤなどの重しを載せる。バンカーサイロのような設置型サイロを設ける際は、雨水の排水や直射日光の射し方などに十分注意して行わなければならない。

エ) スタックサイロ

最も簡易的に作れるサイロがスタックサイロである。地面に牧草を積み上げ、それをビニールで覆い踏圧する。ビニールで覆った後には、周囲の土できっちりとふさぎ、バンカーサイロと同じく上に重しをしてやる。

低コストで労力もさほどかからない代わりに、周囲を囲むものがないため、踏圧が他のサイロに比べ甘くなってしまう危険性があるので注意が必要である。

17 簡易牛舎の作り方

中洞式山地酪農で必要となる主な施設は、牛舎、搾乳舎、牛乳処理室、堆肥場、給水場、飼槽などである。ただし、ウシの飼養頭数によっては上記で挙げた施設が必要であるかどうかを吟味しなければならない。少頭数（6頭未満）の飼養の場合、大きな施設は適当ではない。

一般的には、酪農を行うには立派な施設が必要であると想像されがちだが、中洞式山地酪農では、少頭数の飼養の場合、上記で挙げた施設のほとんどは必要ではない。

ここでは低コストで整備可能な手作り施設を紹介する。

ア）牛舎の重要性

牛舎の主要目的は次の諸点にある。

①搾乳と牛乳の貯蔵

②飼料給餌と牛の観察

③治療やお産などのスペース

④離乳した子ウシを隔離するスペース

牛舎を設計するには、位置、給排水について考えなければならない。まず場所は地盤の軟弱なところを避ける。また、糞尿が直接川に流れ出す位置も避けること。

採光については、あまり気にすることはない。公共水道がないことも多いが、その場合、沢水をひいたり、井戸を掘ったりして水を確保する。水については今は便利なパイプがあり、多少距離があっても引っ張ることができる。

現在、一般的な牛舎ではコンクリートで床を作るが、少頭数で昼夜放牧の場合は牛舎にいる時間が少ないため、あえてコンクリート床を作る必要はない。

寒冷地の場合、極寒期でのお産は子ウシの死亡率が高くなる。寒さによる死亡を防ぐためには、牛舎の中に牛を入れ、わらやバーク（樹皮）をたくさんの敷き、暖かい環境を作ってあげると良い。

イ）搾乳場と搾乳方法

冒頭でも述べた通り、搾乳場と搾乳方法はウシの飼養頭数によって考える。山地酪農では、ウシは搾乳する時のみ搾乳所に入り、終われば山へ帰って採食、休息するため過重な施設は必要としない。

搾乳所の形態には次のようなものがある。

①併列式（アブレスト）→ウシを横に並べて搾るもの

②縦列式（タンデム）→ウシを縦に並べて搾るもの

③鰊骨式（ヘリンボーン）→斜めに併列して搾るもの

中洞牧場では手作りの4頭タンデム式を用いている

神奈川県山北町の薫る野牧場では、木造の小型牛舎を使用している

頭数が少なければ、以前私が建築した牛舎のように、搾乳場にコンクリートを用いなくても搾乳は可能だ。最も簡単な方法は、山から帰ってきたウシを木柱や、木やパイプで作った枠につなぎ、そこで搾ればよい。風雨が凌げる屋根や壁があればなお良いが、なくても搾乳はできる。この方法は、山にある木を利用して作るため、ほとんどコストがかからない。新規就農者のように資本金に余裕がない場合にお勧めの方法である。

　続いて、搾乳方法について説明する。手搾りはすでに過去の技術となろうとしており、搾乳は、ほとんどミルカーによって行われている。しかし言うまでもなく、ミルカーおよび搾乳所の整備には、多大な設備・資材費用がかかる。だが手搾りであれば、その費用はバケツや輸送缶程度で済ますことができる。

　中洞式山地酪農なら、約6頭程度のウシまでならミルカーなしでも飼うことができる。ミルカーがなかった時代、約20頭のウシを手搾りしたという人もいる。私自身、中学校を卒業してからは朝晩10頭ずつの乳搾りをしていた。搾乳後は手がしびれて、箸やおわんを持てなかったことを思い出すができないことはない。

　当然、現在のウシとは違い乳量は圧倒的に少なかっただろうが、今の時代だからこそ、改めて手搾りという技術を見直したい。また、ミルカーを導入するにしても、手搾りは経験しておきたい。手で搾るとウシの乳房の感覚が伝わり、残乳や病気といった状態もわかるものだ。この手搾りという技術がウシにとっても消費者にとっても、酪農の技術及び魅力を高めるものではないかと期待している。

　ミルカーにはバケット式、パイプライン式などがある。その他にもいろいろあるが、ほとんどが大規模酪農家向けであるためここでは説明を省く。

　バケット式は牛乳を秤量したり冷却したりするためには、いちいち取り外したり、牛乳を他の容器に移したりする必要があるので、多数のウシを能率的に搾乳するには不便である。しかし、少頭数の場合はバケット式で十分である。

　パイプライン式は、現在、大多数の酪農家が導入する方式である。バケットや乳缶を用いず、牛乳を搾ると同時に直接冷却室に送り込む方式で、長

バケット式

パイプライン式

いパイプラインと、生乳を保存するためのバルククーラーを必要とする。

この方式は搾乳を行いながら、ただちに牛乳をバルククーラーまで送ることができ、運搬の手間が省けるとともにすぐに冷却できる利点がある。ただし、自ら建設したとしても施設費が高くなることが一番のネックである。

パイプライン式を導入しない場合にも、乳の温度を急激に下げるバルククーラーはあったほうが良いだろう。2t、3tの牛乳を冷やすためのものだが、400L、500Lのものもある。それでも容量が多すぎる場合、バルククーラーの中に水を入れて冷やし、その中に容器に入れた牛乳を入れて冷やすという手法が使える。湯煎の逆と考えれば良い。

ウ）牛乳処理室

搾乳後すぐに、自ら牛乳を加工するのであれば牛乳処理室は必要ないが、長期間保存する場合は牛乳をすぐに冷却しなければならない。言うまでもないが、牛乳は細菌の繁殖力が高く、常温で保存すると品質劣化を招く恐れがある。牛乳の量が多い場合は特に、バルククーラーを使用することを勧める。

また、食品を扱う牛乳処理室は衛生的でなくてはならない。ミルカーに付いた糞などはブラシできれいに洗浄し、パイプラインの洗浄時にも再度ミルカーの汚れも確認する。牛乳処理室のパイプラインや床などは頻繁に清掃し、厳重に衛生空間を保たなければならない。

そのためには、牛乳処理室の床はコンクリートで作り、水が排水先にスムーズに流れるよう勾配をつけると良い。改めて言うまでもないが、虫やネズミなどの出入りは厳禁である。

エ）堆肥場

既存の酪農では、糞尿処理に多大の人力と時間を要する。その点中洞式山地酪農では、この処理を自然の力に任すことができる。山地酪農の場合、ウシは1日の大半を山で過ごすため、特に堆肥場を設ける必要はない。

頭数と面積のバランスさえ保つことができれば、土地が本来持っている地力とそこに生息する鳥や虫、微生物のみで糞尿を分解・還元できる。目

安とすれば、1haあたり搾乳牛2頭が限界である。

しかし、頭数が増えて牛舎内、もしくはパドックに糞尿が溜まるようになれば、堆肥場を設ける必要がある。堆肥場を建設するなら基礎に単管パイプを打ち込み、牛舎を建てる時と同様に屋根を掛ければよい。トラクターを所持している場合、トラクターのサイズにもよるが、堆肥場の壁は最低でも1.5m以上にすると、バケットでの運搬がスムーズである。またトラクターの馬力で破壊されないよう壁の厚さは20cm以上にする。壁内に鉄筋を格子状に組んで入れると強度が増す。

オ）飼槽

山地酪農では通年昼夜放牧しているため、朝晩の搾乳の時がウシの状態を確認する時間である。その時に必要なのがウシのおやつを入れる飼槽である。中洞牧場では、28ページでも記した通り、ビートパルプを主体としたおやつを給与している。すると、ウシがおやつ欲しさに牛舎へ帰ってくる習慣がつく。

ウシは常に放牧されていると野生化してしまう恐れがある。また、山地酪農で一番難しいことは、ウシの個体管理や牛群管理である。ウシは一日のほとんどを山で過ごすため、人がウシの状態を確認できるのは、牛舎へ戻ってくる時だけである。もちろん、頭数が増えれば増えるだけウシの状態を確認する難しさが増す。

ただでさえ、動き回るウシを見て回るのは容易なことではないが、おやつを給与することで、ウシが食べることに集中し、全頭が落ち着きはらう。その時に1頭1頭の状態を確認すれば、体調を崩したウシやお産が近いウシなどに気が付き、早急に対処を講じることができる。

III項　野シバの管理編

1　野シバ放牧地の造成方法

　我が国の牛舎飼いのウシには、配合飼料という形で穀物が大量に与えられている。しかし、ウシは草食動物であり、草で体を作り乳を出すのが本来の食性である。国土のおよそ70%が山地である我が国では、ウシのエサになる草をその山地に求めることがたやすくでき、ウシの採食活動によって林業生産との共生も可能となる。

　特に我が国の山地地帯は日射量が豊富で雨量も多いため、草の生育が早い。放置しておくと農地までもが草に覆われてやぶとなり、次第に森林に変わってしまう。その点、人が入るのに困難な斜面や草が生い茂ったやぶでも、ウシが分け入って草を食べ歩くことにより明るい山になる。

　今から50〜100年前までの日本の山々には、二次草原と呼ばれる自然草原が点在していたという。現在はその自然草原はほぼ全て森林に遷移してしまった。そこで育まれた草原性の植物や小動物は、絶滅したり絶滅危惧種に指定されたりしている。

　環境省が作成した、絶滅危惧種を掲載するレッドデーターブックに載っている植物の約半分は草原性の植物であるという。その中には秋の七草で有名な桔梗や女郎花などもある。

　シバ型草地とはいえ、生態系を壊してはならない。人間を含めたあらゆる動植物が共生できる、自然豊かな牧場にすることが重要だ。シバ型草地の主体草は、日本在来の野シバ（Zoysia japonica）である。シバ型草地の造成にはウシの採食活動が重要なポイントとなる。

　採食活動が旺盛な山地適格牛は、繁茂する野シバも含め、その他の草も根こそぎ食べてしまう。再生力の弱い草は絶えてしまい、最も再生力のある野シバが残る。放牧経験のないウシは採食能力が弱いため、シバ以外の草が繁茂して野シバの成長を妨げる。

　このため、開拓当初は放牧の経験のある山地適格牛を放牧することによって野シバの成長も進む。全頭適格牛でなくても、開拓牛として1頭で

も適格牛がいれば、放牧経験のないウシも適格牛に導かれ採食活動が盛んになる。すると野シバの成長が格段に良くなってくる。

2 野シバ草地の特徴

　野シバは傾斜地や痩せ地でも育成でき、繊維質が多く、嗜好性や牧養力（放牧地で一定期間中にどれだけ家畜を飼えるかを表す数値）も高い。地中には網目状に伸びる地下茎や根毛が密生し、地表には短い葉が密生することで、土壌安定効果に優れた草生をつくる。

　野シバの根は束になり、非常に細かい網目でマットのような、スポンジのような状態を地中で形成する。根の深さは時に20cmにもなるため、保水力も非常に優れている。

　2016年（平成28年）の台風10号の後には、中洞牧場でもほぼ2カ月にわたり、普段は水のない場所から水が湧き出していた。野シバの根のスポンジに保水されていた水だ。大雨のときには水を溜め込み、少しずつ排出するこという、いわば緑のダムともいえる働きで、山を守る環境保全型の草地となるのだ。

　一方、西洋シバを含むイネ科の草は、草丈が高い分、青々と茂っているように見えやすい。しかし、草をかき分けて見ると根元はそれぞれの株が独立しており、地表に転々と株があるだけだ。地表を覆い水を蓄える力はほとんどない。

　野シバはウシに絶えず踏まれ、食われながらも再生し、環境に適した草地を形成する。人の手による更新は不要で、初春から晩秋にかけて育成し、生産量も季節による増減が少なく比較的平均している。

　放牧されたウシがじかに草を食べる放牧地の草は、草丈を高くして収量を多くする必要はない。それよりも採食後すぐに再生することが最も重要な要素である。

　以上のことより、我が国の山地放牧の主体草には野シバが最適と考える。

　欠点を挙げれば、マメ科草に比べ、イネ科草の野シバはタンパク質が少なく、葉が短いため生産量も少ない点があげられる。しかしこれらは、草

地全体で満たされればよいので、シバ草地に混生しやすい草によって植物の生産量や、タンパク質を補うことができる。

　たとえば野シバに混生するクローバーは、タンパク質の豊富な植物である。野シバと同じく地下茎であり、地表に密生するように生える。しかし根の強さは野シバのほうが断然上である。

　もうひとつの欠点は、寒冷地に向かないことである。野シバは温暖な地方の植物であり、自生は東北、中洞牧場のある岩手県岩泉あたりを北限とする。そのため春が遅く、秋が早い。春が遅いとはいっても半月程度のことではあるが、長い冬にサイレージを食べて過ごし、青草が待ち遠しいウシたちにとっての半月は、なかなか長いものではないかと想像する。

3　野シバの移植

　野シバ放牧地の造成には、地下茎を移植する方法を推奨する。移植は年間を通して可能であるが、茎の生長が止まっている晩秋から春先が適期である。

　路傍や山地に自生している野シバを掘り取り、絡んでいる匍匐茎（ほふくけい）をばらばらに崩して2〜30cmぐらいに切る。濡れむしろをかぶせて乾きすぎないようにしておき、それを移植する。移植する草地への運搬には、肥料の空袋などを利用すると乾燥を防ぐことができ、手軽で便利である。

　植え付けの方法は、クワや鉄棒などを地面に深く挿し込んだ状態で柄の部分を下げ、草地とクワの間に空間をつくる。そこに苗シバを挿し込んでクワや鉄棒を抜き、かかとで強く踏みつける。野シバの生長点が上向きになるように注意して植え付けること。深植えにする理由は、苗の乾燥を防ぎ、ウシの採食で引き抜かれるのを防ぐためである。

　また、放牧地にはいたるところに牛糞が落ちている。その牛糞の下に苗シバを挿し込むことで、ウシが採食せず引き抜かれることがなくなる。野シバは糞からの栄養で生育がよくなり、ウシが採食するころには根が活着して抜けることはない。野シバは好日性の草であるから、日当たりの良いところに落ちている牛糞を選ぶと生長も早い。そしていったん活着すると、その後は増殖するばかりである。

4 掃除刈り

　不食草については、人がこまめに掃除刈りを行う必要がある。造成初期は草量が少ないため過放牧となるが、下草が少ない状態にすることで林床に太陽光線が当たり、野シバの生長を良くして早く増殖させることができる。採食行動に不慣れなウシは栄養不足に陥りやすくなるため、補食飼料を与えることも必要である。

　掃除刈りは年中行事である。猶原博士は越冬飼料の管理と掃除刈りがしっかりできなければ、いい山地酪農家にはなれないと言っていた。

　日射量が豊富で雨量が多い我が国では、植物の種類が多く、成長が早いため飼料としての生産量も多い。しかし反面、好ましくない草も混生しやすい。ウシが食べない不食草は、放置しておくとどこまでも伸びる。良い草や野シバが生える場をふさぎ、生長が早い分、肥料分を奪って草地の生産を低下させる。

　野シバ草地は不食植物の混生が少なく、ウシが草を食べることで草地の状態が保たれやすい。最も管理しやすい草生ではあるが、やはり人の手による掃除刈りは必要だ。よい野シバ草地を維持するためにも、牧場の景観を保つためにも、ウシと人の共同作業が大事であるといえる。

　掃除刈りの作業は難しいものではない。必要なのは地道さである。生えてきた草の中でウシが食べないものを刈り取るだけだ。新規に開拓した場所には、多くの雑草が生えてくる。丈が高くなった場合は、刈り払い機を背負って刈っていく。

　しっかり掃除刈りをしていれば、3年ほどで不食草は絶えてくる。そうなれば、その土地の掃除刈りはだいぶ楽になるはずだ。

野シバの移植

良い野シバ草地を維持するためにも野シバ草地の掃除刈りは必要である

IV項　乳製品製造・販売編

1　酪農家が自ら牛乳を売るということ

　冒頭でも書いたが、ほとんどの酪農家は牛を飼い、牛乳を搾り、農協に全量を売る。

　自分たちが手塩にかけて育てたウシの血ともいえる牛乳は集められ、多くは工場でいっしょくたにされる。いつどこに運ばれ、誰の口に入るのかは知りえない。知りえないどころか、隣の人に売ることもまかりならず、「おいしいでしょう」「おいしいね」と語りあうこともない。

　自分の牛乳を自分の牛乳として世に出すことができるのは、アウトサイダーと呼ばれる農協と取引をしない酪農家と、決められた乳量だけ農協から買い戻して、殺菌加工して売ってもいいよという契約を結ぶことができた酪農家だけである。

　牛乳がほかの食品と異なるのは、生産された生乳（原乳）をそのままでは販売できないことだ。これは農業も水産業も含めて、牛乳だけである。

　牛乳を売るためには、加熱殺菌処理のできる乳処理工場を持ち、「乳処理業の許可」「乳類販売業の許可」を取らなければならない。乳製品を作って売るためには「アイスクリーム製造業」や「乳製品製造業の個別品目（発酵・チーズ・クリームなど）の許可」が必要となる。

　当然かなりの設備投資と衛生管理・製造技術が必要となり、生産→製造→営業→販売までを一貫してやるとなれば、そうそう簡単に個人で手掛けられるものではない。

　それでも、個人や仲間、団体でこの壁に小さな穴を開け始めている酪農家が全国各地に生まれている。

　こだわりの部分はそれぞれに特徴があるが、想いは同じである。

「本当の牛乳の味を届けたい」

「おいしい牛乳を飲んでほしい」

「自分たちの牛乳が作りたい」

※『牛乳』は『乳製品』とも置き換えられる。

　中洞牧場に続いて歩き出そうとしている若者たちのためにも、日本の国土のためにも、今まさにそのための道筋を付けている最中だ。この細い道筋をたどって歩いてくる人が増えるほどに道は太くなり、平らになっていくはずだ。仲間はいたほうがいい。狭いシェアの中で、足の引っ張り合いや客の取り合いなんてもってのほかである。

2　ホンモノの牛乳、おいしい牛乳

「ホンモノの牛乳」「おいしい牛乳」と、市販されているほとんどの牛乳との違いはどこにあり、どう違うのか。

　一定の年齢以上の方は、搾りたての牛乳の味や搾りたての牛乳を鍋で吹きこぼさないようにしながら温めた牛乳の味を知っている。この味こそが、母牛が我が子を育てるために出した乳の味わい。本物の乳であり、牛乳パックの高温殺菌牛乳からはうかがい知ることができない「ホンモノの牛乳」である。

　つまり、「よりおいしい牛乳」は、「より自然に近い牛乳」のはずなのに、牛業業界では、「より無菌な牛乳」を作ることにこの何十年もの間、力を入れてきた。その結果「自然でおいしい牛乳」から乖離（かいり）してしまったのではないだろうか。

　そして、消費者にもそのような刷り込み（啓蒙）をしながら、牛乳＝完全栄養食品として、大量に摂取することを推奨するような販売戦略を取り続けた。スーパーマーケットの目玉商品として低価格で販売し続けてきたことにより、生産者には一向に利益が還元されないまま、大量に牛乳を作ることを余儀なくされ続けた。そして、不健康でかわいそうな牛を使い捨ててきた。

　消費者が本当に牛乳に求めるのは、低価格なのだろうか。無菌の白い液体なのだろうか。

　否、正しい情報を得た消費者が最後に選ぶのは、素性の明らかな、おいしい本物だと思う。

そのための条件として

1）自然の草を自由に食べていること

2）搾乳後はできるだけ時間をおかずに殺菌すること

3）殺菌方法は、パスチャライズ（63〜65℃で30分間、または72〜75℃で15秒）であること

4）ノンホモ（ノンホモジナイズド）であること

を挙げたい。

1）は言うまでもない。牛は草食動物である。

2）この後の賞味期限についても触れたいが、時間が経てば経つほど、酸化が進み味は劣化する。

3）有害菌を死滅させ、かつタンパク質の熱変性が少ない温度であることを、フランスの細菌学者パスツール博士が証明している。

4）ホモジナイズは牛乳（に含まれている脂肪球）に圧力をかけ、脂肪球を小さく均質化すること。短時間で均一に超高温殺菌をすることで、殺菌時にタンパク質の焦げつきが起こる。ホモジナイズにより脂肪分の表面積が増大し、酸化（劣化）が早まる。

3 消費期限・賞味期限について

小売店で牛乳を買うとき、多くの人が気にするのが「賞味期限」だと思う。これに大きなトラップがあることに気づいている人がどれくらいいるだろうか。

今の法律では、「消費期限」または「賞味期限」を表示することになっている。この意味の違いは割愛するが、牛乳公正取引協議会などの団体に加入すると、「低温殺菌牛乳」は、「賞味期限5日間」にしなければならないという規定が適用される。滅菌牛乳ではないので腐敗しやすいからということだが、我々は外部検査機関に依頼して品質保持検査を行い、そのデータに基づいて「賞味期限」を定めている。

牛乳は12日間細菌数に問題がないので賞味期限を10日間としている。ドリンクヨーグルトは長いものだと10週間をこえても細菌数に問題はな

いが、長期保存商品だとは思っていないので、賞味期限を3週間として販売している。ちなみにアイスクリームは、乳及び乳等省令により賞味期限を設定する必要がない。

　おそらくどこのメーカーも、7〜8割の余裕を見て賞味期限を決めていると思う。にもかかわらず、ほとんどの百貨店やスーパーマーケットなどの小売店では、さらに2つの「3分の2ルール（賞味期限は長いものは2分の1ルール）」をメーカーに課している。

　1つ目、製造後、3分の2以上の賞味期限を残して納入しなければならない。

　2つ目、製造後、賞味期限まで3分の2を切ったものは売ってはならない、という小売店もある。

　賞味期限が長いからといって油断できない。3分の1を残した商品は廃棄するか、規制のない自店舗などで販売するしかない。

　たとえば、中洞牧場のドリンクヨーグルトを例に挙げると、30日以上（最長70日以上）置いても問題ないものを21日の賞味期限としている。そのため、製造後7日以内に納入すると残存期間は最短で14日間。残り7日間を残した段階で売ってはならなくなるので、売り場から撤去される。他に売る場所がなければ、商品劣化するかもしれない日まで16日間もあるのに破棄しなければならないということになる。

　それなら期限内に売れるだけ棚に並べたらいいだろうという意見もあるかもしれない。しかし、厳密なルールではないにせよ「売り切れを出すな」「品薄にするな」という指導もあるので、結果として廃棄品が出ることを想定しつつも、閉店まで棚が空かないように商品を陳列することを余儀なくされる。

　実をいえば、我々の商品に関しては牛乳もヨーグルトも賞味期限近くから格段に旨味を増してくる。こんなにもったいない話はない。

　もう一つのトラップ。

　前述したとおり、中洞牧場の牛乳は低温殺菌牛乳だが賞味期限は10日間、今や牛乳パックの超高温殺菌牛乳（120〜130℃2秒を超え、140℃まで出現）は、なんと生鮮食品のはずなのに賞味期限14日間が主流になっ

てきている。常温長期保存用のLL乳のことではない。悪玉菌だけでなく、乳酸菌などの有用菌もすべて死滅させた殺菌牛乳のことである。

賞味期限までの日数が一番長いものを、新鮮だと思って購入している人は少なくないはずだ。賞味期限まであと8日の超高温殺菌牛乳（普通のパック牛乳）と、あと5日の低温殺菌牛乳、どちらが新鮮か。事実を知れば考えるまでもなくわかるだろう。

中洞牧場では、牛乳にもドリンクヨーグルトにも、あえて「製造日」と「賞味期限」の両方の日付を印字したシールを貼っている。

さらに考えてほしい賞味期限のトラップがある。

「賞味期限」は、あくまでも加熱殺菌して充填した時を起点として設定される。

しかし牛乳は、本来牛の体から出た時、すなわち搾乳した時を起点にすべきではないだろうか。そう考えると、例えば北海道の酪農家が搾乳した牛乳の流通は、以下の通りになるのが一般的である。

タンクローリーが集乳に来る→各地域にあるステーションクーラーに保管される→チルド対応の大型船で関東の大手乳業メーカーの工場に運ばれ、工場の貯乳タンクに移される→殺菌充填される。

すると、どんなに短く見ても殺菌工程を経るまでに4〜5日はかかる計算になる。賞味期限14日間だとすると、最終日は搾乳からなんと20日近くも経過していることになる。それを、新鮮な牛乳はおいしいと思わされていることにはならないだろうか。

「搾りたての牛乳を詰めました」。販売やCMでよく聞く言葉だが、ほとんどの場合、そうではないと思われる。

中洞牧場では、毎日搾乳時、製造時、販売時に、それぞれの部署の担当者が風味検査（味見）をするが、原乳のまま放置して時間がたったものは明らかに味が劣化する。生臭さが出るのだ。

かつて、山羊乳の殺菌を頼まれたことがあるが、牛乳以上にその味の差は歴然としていた。宅急便で送られてきた原乳は殺菌しても独特の臭みがあり、一般の人には馴染まないと思ったが、飼育の現場に行き、搾りたてを飲ませてもらったら臭みなどなくおいしい乳だった。

とすると、高温殺菌牛乳は、酸化とタンパク質の熱変性の二重の味の劣化があると考えてもおかしくない。

中洞牧場の乳処理工場は牧場の敷地内にあり、搾乳したミルクはただちにミルククーラーに送られる。朝晩2回搾る1日分の牛乳は、そのまま外気に触れることなく配管を通じて工場のミルクタンクに移送され、翌日までには殺菌、加工される。

こうして搾りたての牛乳を詰めているのである。

4 牛乳の価値とは、価格とは

「量」や「脂肪分」「安さ」ではない、本来の酪農、本来の牛乳を求めてくださる方にこそ買い支えていただきたい牛乳を、我々は届けていく。ウシを見て、牧場を見て、作り手を見て、飲んで、ホンモノの牛乳の味で評価してくれるバイヤーや消費者とつながりたいと思う。

そんな方たちは、招待せずとも公共交通機関も遠く離れ、近い海外よりも時間のかかる山の中の牧場まで足を運んでくれる。

自然の中のウシたちが、どんな表情で暮らしているか。小規模ながらも衛生的に管理された工場から送り出される牛乳を目の当たりにすることにより、その後は一緒に歩んでくれる。

そのためにも生産者であり、メーカーでもある我々は、ほんものの牛乳というもの、その「価値を伝え」、「量」でなく「質」の牛乳と乳製品を作り続けたい。　　　　　　　　　　　〔4項1〜4まで小泉まさ子著〕

5 乳製品プラントの設計・建築

牛と共に暮らし、自ら搾った牛乳をホンモノの牛乳として届け、飲んでもらう。「ホンモノの乳製品」として味わってもらう。以下に、そのための施設や工程を説明する。

乳製品プラントの設計において、最低限必要なスペースは受乳室、更衣室、トイレ、各製造室である。2021年までは製造室は製品別に各々の部

屋を作らなければならなかったが、現在は同室多品目製造が可能となった。

受乳室から各製造室に牛乳を送る配管（サニタリー配管・ステンレス製）、ポンプ、殺菌タンク、冷却タンク（タンクは兼用も可）、充填機を配管で繋ぐ。またそのラインを洗浄するCIP洗浄（cleaning in place・定置洗浄）と呼ばれる、配管やタンクなどの機器の自動洗浄のための配管が必要となる（96ページ参照）

受乳室を含めた各製造室の床は、コンクリートで溜まり水ができない傾斜のついた構造とし、必ず排水溝を設置する。壁は防水性のある壁材を取り付ける。また製造室の出入り口には靴の殺菌槽を置き、次亜塩素酸ソーダ液などで靴を殺菌して入室できるようにする。出入り口付近には手洗い用の流しを設置する。

また、施設を作る際には、保健所への営業許可申請も欠かせない。申請時には、製造室に置く製造用のタンクやポンプなどの機器の配置を図面に落とす。機器を設置後、作業者が十分な身動きできるスペースが確保されていることが重要視されるので、機器の寸法は正確に記入する。

製造室ごとに2槽シンク（洗浄用流し）の設置も求められるので、機器配置図にはシンクの場所と寸法も明示しなければならない。

ア）保健所への営業許可申請

保健所からの営業許可書は、牛乳は乳処理業、アイスクリームはアイスクリーム類製造業、その他は乳製品製造業の許可を取らなければならない。許可は全ての製造設備が完成してから申請する。ただし、設計の段階から保健所の指導を仰ぎ、指示に従った設備にしなければならない。

指示を仰ぐためにはプラント全体の平面図、各製造室の機器配置図（平面図）、導入機器の能力やサイズがわかるカタログを添えた機器仕様書、それぞれの製品を製造するための工程表を作り、殺菌、冷却、充填を含めた工程を文章で説明する。

また製造日、製品ごとの管理日報（受乳日報、原乳検査日報、製品製造日報）を作成する。「受乳日報」では原乳の温度、加水の有無を調べるための比重検査、風味、抗生物質、記入者名などの記入欄を設け、受け入れ

日ごとに記入できるような表を作成する。詳細な検査は改めて検査室で行うので、受乳日報はこの程度の項目で良い。

「原乳検査日報」としては、検査室で行う比重、酸度、大腸菌群、一般細菌の検査の項目を入れた表を作成する。検査員氏名の欄も設ける。

「製品製造日報」では、製品ごとに機器殺菌方法と時間（例えば90℃で6時00分〜6時10分までの10分間）、原乳殺菌温度と時間（例えば63℃で7時10分〜7時40分までの30分間）というように、温度と殺菌時間を明確に記入する欄が必要である。

冷却温度については、冷却開始時間を記入して、牛乳が5℃まで冷却された終了時間を記入する欄を設ける。

充填の項目では牛乳の充填時の乳温、比重、風味、充填開始時間、充填終了時間を記入する欄を設ける。

ライン洗浄項目には洗浄開始時間、終了時間、洗浄水温度、濯ぎ確認のそれぞれを記入する欄を設ける。

原乳検査、製品検査、製品の賞味期限時での検査を行うため、それぞれの「検査日報」も作成しなければならない。いずれも比重、酸度、大腸菌群、一般細菌などの検査結果を記入する項目を設ける。

水質についても保健所の検査が必要である。公共の水道であれば問題がないが、井戸水を使用する場合は、必ず保健所に依頼して水質の検査を受ける必要がある。水質基準に適合しなければ水を使用できないので、プラント着工前に井戸の取水を行い適合していることを確認してから建設にかかるべきである。沢水、河川水を利用する方法もあるが、浄化槽などを設置しなければならないため現実的ではない。

またプラントからの汚水排水は、洗ビン室からの排水が水質汚濁防止法で「特定施設」とされるため申請が必要となる。排水日量が50㎥以下であれば水質汚濁防止法の枠から外れるため許可の必要はないが、届出が必要となる場合があるので、地元保健所の排水担当部署で確認する必要がある。

サニタリーポンプ
このポンプで牛乳を次の工程に送る

イ）プラント敷地造成

　1製品100〜300L程度の乳量であれば、10坪程度の広さがあれば最低限のプラントはできる。その場合の敷地面積は、駐車場や取り付け道路を除いたうえで、プラントの1.5倍程度の広さは必ず確保したい。

　製造室の向きが真南だと、直射日光が製造室に差し込み室内が高温になるので、東か北向きが良い。特に製造室での機器殺菌、CIP洗浄時には熱湯や蒸気を使用するので、製造室の室温が高温になりやすい。できるだけ直射日光は遮断したい。

　牛舎の乳処理室（バルククーラー室）からの送乳の配管ラインは、できるだけ短い方がコストは抑えやすいが、保健所によっては牛舎とプラントの距離を問題にする場合もあるので、この点はあらかじめ保健所とよく相談する。

　また造成する土地は地盤が硬いことを確認する。地盤の固さを確認する最も簡易な方法として、スウェーデン式サウンデング試験（SS試験）と呼ばれる方法がある。費用は4〜5カ所の検査で5〜7万円と格安である。

　寒冷地では土の凍結深度もよく調べないと、地中の水道配管が凍結する場合がある。この調査は、酷寒期にバックホーという重機で穴を掘り、直接凍結している深さを調べる。日向と日陰では凍結深度が違うので、2カ所は掘ってみる必要がある。これには簡便な方法がないので、地元の水道業者や建築業者から凍結深度を教えてもらうことでも良い。

ウ）建物基礎工事

　ここではプラントをプレハブなどで簡易に建設する方法を記す。まず基礎を作るために砕石を敷地内に敷く。基礎の部分は、必ず凍結深度以上の深さにすること。それより浅いと土の凍結によって基礎が盛り上がることがある。床の場合は完成後に室内となるので厚い砕石は必要ないが、建物の基礎は常に外気にさらされて凍結深度が深くなるので、凍結深度以上の砕石を入れることが重要となる。

　基礎には布基礎とベタ基礎という方法がある。布基礎とはTの字を逆にしたような形をした基礎である。布基礎の底辺部をフーチングと呼び、

そこから立上がり部の中心に鉄筋を入れて型枠をつけ、コンクリートを流し込んで基礎を作る。

ベタ基礎とは、基礎の立ち上がりだけでなく底板一面が鉄筋コンクリート敷きになっている基礎のことを言う。基礎の立ち上がり部分にプレハブなどの建物を固定するためのアンカーボルトを埋め込んでおき、そこに土台の木材を固定する。

製造室など各部屋になるところには、前もって排水の配管を埋設しておく。これらの基礎部分を貫通する配管は、基礎を打つ前に配置しておかなければならない。各製造室の排水溝は市販のU字溝を埋設し、そこから塩ビ管を接続して建物の外へ配管しておく。

基礎が完成したらその上にプレハブなど載せれば、簡易なプラントの完成である。

エ）電気工事

製造室内では100V、200Vの電源が必要となる。室内灯等は100Vで良いが、送乳用のポンプやタンクかく拌機など、ほとんどの機械は200Vである。すべての機器の電気容量を確認して余裕を持った容量を確保しておくべきである。

100Vのコンセントなどは防水性のものを用いる。日常的に水を使うので、配電盤などは壁の高い位置に取り付けなければならない。3相200Vの場合は赤、白、黒の配線があり、白を真ん中にして、両側に赤、黒の配線をする。赤、黒の配線によって機器の回転方向が違うので、逆回転の場合は赤、黒の配線を逆にする。

オ）給水工事（水道工事）

プラントでは殺菌や洗浄工程で大量の水を使用する。公共の水道であれば問題がないが、公共水道が引けない場合は井戸を掘らなければならない。

井戸を掘る場合、できるだけアームの長いタイプのバックホーを使えば、3m程度の深さまでは掘ることが可能である。それ以上は手掘りという方法もなくはないが、必ず水が出るという保証はない。バックホーが届く範

囲で水が出なければ、別の場所を探した方が効率が良い。

　バックホーで直径2～3mの穴を掘り、水が湧いたら孔の開いたヒューム管を入れる。ヒューム管の周りには砕石を入れる。水はその砕石をくぐり、ヒューム管の孔から井戸の中に溜まる。その水の中に、水道ポンプから配管したパイプを入れて取水する。

　水源が深くなる場合は、打ち込み式井戸で対応することもできる。これは専用の打ち込みパイプに削岩機を取り付けて、削岩機の力でパイプを地中に打ち込む方法である。パイプに開けられた5mm程度の数多くの孔から取水する。

　井戸からの給水の場合、貯水槽を設けてから施設内に配管給水しなければ水が不足する場合がある。貯水槽からの配管は、25Aポリエチレンパイプを用いて各製造室に地下配管をする。

　各製造室では大量の温水を瞬時に作るために、ボイラーで作った蒸気と水道水を混合させなければならないので、混合栓を作って水道配管をする。室内配管はライニング鋼管を用いる。

　分解洗浄用のシンクでも湯を使うので、ここにも混合栓を設置する。その他に、手洗い用の流し、床洗浄用の蛇口も設けたい。

　配管工事は、道具と多少の技術があれば自らできる。配管に必要な道具としては、鋼管パイプの接続のためのネジ切り機（新品で20万円程度・著者は中古品を5万円で購入して10年近く使っている）、配管接続のためのパイプレンチ、パイプを固定するバイスがあれば、自分で水道の配管ができる。

カ）排水工事

　シンク、手洗い、床の排水溝からの排水に関しては、基礎工事及び床コンクリート工事前に塩ビ管で配管しておく。シンク手洗いの排水管は、排水溝まで25A程度の塩ビ管で良いが、排水溝から室外までの配管は太めの40A～50A程度の配管にする。

　別の排水管から臭気が配管を通して製造室に入り込むことを防ぐため、排水枡と一体化した塩ビ製のトラップを設置する。

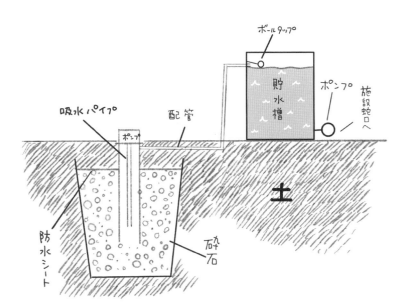

ボールタップ

貯水槽

ポンプ

施設蛇口へ

吸水パイプ

配管

ポンプ

防水シート

砕石

土

井戸のイラスト

6 各製造室の必要機器とその配置

　ここでは品目別に製造室に置く機器を、中洞牧場を例にして紹介する。開業時には受入室と牛乳製造機、洗ビン室、機械室、検査室があれば良い。その他は、それぞれの経営方針にしたがって整備する。

　共通の機器は、牛乳を送るサニタリー配管と呼ばれるステンレス製のパイプ、パイプとパイプを接続するヘルール、ガスケット、そしてクランプを用いて配管をつないでいく。

　パイプ内の牛乳や洗浄液などの流れを止めるバルブをL型バルブという。流れの方向を変えるバルブとして、ハンドバルブ（F型バルブ）、三方コックなどと呼ばれるバルブを用いる。

ア）受乳室

受乳室にはバルククーラー、ストレージタンクなど、牛舎からの原乳を受け入れるタンクが必要となる。それらのタンクには冷却装置が付いているが、貯乳しないで受乳室から直接製造室に送乳する場合は冷却装置の付かない安価なタンクでも良い。

その他に、送乳用のサニタリーポンプと異物除去のストレーナーを配管内に取り付ける。また製造室が複数ある場合は、スイングベントと呼ばれるライン切り替え装置を付ける必要がある。

イ）牛乳製造室

ここでは低温保持殺菌法（Low Temperature Long Time・LTLT）での牛乳製造に必要な最低限の機器を紹介する。

牛乳を殺菌するパスチャライザータンク（パスタンク）、殺菌した牛乳を冷却貯乳するサージータンク、ビンなどの容器に詰める充填機が必要である。パスタンク（殺菌タンク）とサージータンク（冷却タンク）は兼用できるので、タンクは1個でも済む。1〜2個の送乳用のポンプと、異物除去のためのストレーナーなどを充填機前に設置する。

63℃の乳温を30分間保持するために、サーモスタット
で湯温を維持する温水装置もある。100L以上あれば牛
乳の温度だけで30分維持できるが、乳量が少ない場合
は温水タンクに温水を貯め、それを循環させて63℃を
30分間維持させるタンクも必要となる。

63℃30分間殺菌したことを証明できる記録式の温度計
を取り付けなければならないが、現在はパソコンで読み
取れる簡易な温度計があるのでそれを用いると良い。

送乳用のサニタリーポンプは、パスタンクからサージ
タンクへ送るサニターポンプと、サージタンクから充
填機へ送るサニタリーポンプ、またCIP用のサニタ
リーポンプ3台が必要である。パスタンク、サージタ
ンク兼用の場合は2台で済む。

ウ) ヨーグルト製造室

ヨーグルト製造室では、殺菌、発酵、冷却を1個で行う
タンク(牛乳用のパスタンク)と同じもので良い、充填
機と送乳サニタリーポンプ1台とCIPポンプ1台が必要
である。また4〜5時間、場合によっては10時間以上発
酵時間を設ける場合もあるので温水装置は必需である。
ドリンクヨーグルトにするためには、ホモジナイザー
を用いて乳脂を均質化することで充填後乳脂肪分やホ
エーが分離しなくなる。

ハードタイプのヨーグルトは充填後に発酵させるため
温水装置は必要ないが、発酵器(インキュベーター)が
必要となる。

エ) バター製造室

バター製造室には、牛乳殺菌用のパスタンク、ポンプ2
台(うち1台はCIP用)、生クリームと脱脂乳を分離す
るためのセパレーター、生クリームを殺菌する小型の
パスタンクと、バターを製造するバターチャーンとい
う機械が必要である。セパレーターとバターチャーン
は国産では小型のものが少なく、ヨーロッパ製のもの
が広く出回っている。

オ）アイスクリーム製造室

アイス製造室ではアイス原材料を殺菌、冷却するパスタンク、できあがったミックスをフリージングするアイスクリームフリーザー、小分け充填する充填機、カップのふたをする打栓機が必要である。いずれの製造室でも、殺菌タンクには、牛乳製造室で説明した自記温度計（記録式温度計）で計測した殺菌温度、時間を記録しておく。またステンレス製の作業台も必要となる。

カ）洗ビン室

洗ビン室には、ブラシをモーターで回転させてビンを洗う洗ビン機を置く。蒸気と水道を配管してつくった温水で洗浄水を作り、洗ビン機で洗浄する。

キ）機械室

機械室には蒸気を作るボイラー、冷水を作るアイスバンカーという機械を置き、各バスタンクやサージタンクへ配管をする。牛乳のみ製造の場合、ボイラーは必需であるが、冷却するアイスバンカーがなければ殺菌温度のまま充填（ホット充填）して冷蔵庫で冷却しても良い。ドリンクヨーグルトやアイスクリームミックスの場合は必ず冷水を使用するので、アイスバンカーは必需となる。

ク）検査室

検査室には、菌培養用のインキュベーター、検査機材殺菌のためのオートクレーブや、サンプルを保存しておく小型の冷蔵庫が必要となる。その他、試験管やシャーレ、ピペットなど小物の機材も多数必要となる。

7 細菌検査

　日本で乳類を販売するためには、大腸菌や一般細菌などの規定をクリアする必要がある。そのためには、製造現場に製品中の大腸菌および一般細菌の陰・陽性を調べる設備が必要となる。生産された乳製品は例外なくこの検査の対象となり、細菌検査を通過した商品だけが出荷販売できる。

　これは1951年（昭和26年）に施行された「乳等省令（乳及び乳製品の成分規格等に関する省令）」による取り決めである。細菌検査は菌数をコロニー（斑点）の数により判定し、陰・陽性を判断する。

　乳製品の場合、大腸菌は1コロニー以上、一般細菌は5万コロニー以上で陽性の判断となり、陰性以外は再検査をかけて再判定する。再検査で陽性結果が出た場合は販売できない。

　これを怠った場合、または何かの事象により一定の菌数を超えた製品が市場に流れた場合、販売責任者は回収の義務が課せられる。場合によっては営業停止ということもある。このことから、検査は製造の末端工程ではあるが、販売においては第一に重要な必須事項ということになる。

　また製品検査では、乳自体の検査（比重、糖度、酸度、クリームライン、アルコール凝集など）も行う。そのため適正な製品検査を行えるか否かによって製品の安心・安全が保たれるのと同時に、品質が左右されるといえよう。

　検査においては製造現場の検査専用の部屋があること、必要機材があることが求められる。検査員は特に資格は必要としない。各細菌の検査方法に則って行い、製品が生産されるごとに一定量のサンプルを採取して調べる。

　細菌検査を本格的に行うためには滅菌機やインキュベーターといった重厚な機器が必要となるが、培地が塗布してあるペトリフィルムというものに乳汁を一滴たらし、簡易なインキュベーターで培養する方法もある。ペトリフィルムを使えば、簡易なメーターにフィルムを載せて24時間、48時間で、大腸菌群や一般細菌数が判断できる。

　また、外部に検査を委託する方法もある。

8 製造室の衛生管理

　乳製品を製造する場合は牛舎から運ばれてきた牛乳（原乳）を衛生的に扱い、製品にした際に、大腸菌、一般細菌などの菌を製品に混入しないように行わなければならない。

　菌がでてしまう原因として挙げられるのは、外からの害虫、汚れた手や汚れた器具での製造、外から運び込まれたものからの汚染などが考えられる。まずはこの菌等をプラント内に持ち込まないことが対策の一つである。

ア）害虫の侵入防止

　外からの害虫であるが、夏場はハエなどの虫が菌を運んでくる危険性がある。まずプラントに出入りする際の留意点を中洞牧場を例にして述べる。

　外履きから施設内用サンダルに履き替える。扉は三重にするのが望ましい。入り口から入り、次に事務所に入る際にももう一つ扉を付け、そこからさらに更衣室、廊下に出るところに扉を付ける。このようにすることによって三重の扉で外からの害虫を防ぐことができる。

　それでも入ってくることがあるため、プラント内と製造室内には虫の侵入と繁殖防止のため捕虫器を設置し、排水溝には網掛けなどを行い、扉の開閉に注意する。

　製造施設内ではもちろんのことだが、虫を素手では触らない。また人の出入りする玄関などには殺虫剤を置いておき、虫を見つけた時にはすぐ対処するようにする。虫は光に集まってくるため、玄関の電灯などは極力点けないように注意する。

イ）製造室内へ入る際の衛生管理

　製造室内に入る際には、髪の毛は結び、手ぬぐいやバンダナなどで髪がはみ出ないように頭を覆って、髪の毛が製品に入らないようにする。

　次に、粘着ローラーで服についたほこりや髪の毛を取り除く。その上から白衣（作業着）の帽子をかぶり、髪の毛を全てしまいきり、作業着を着た上からもう一度粘着ローラーで白衣についているほこり、髪の毛を取り除く。

製造室内の長靴に履き替え、手を洗う。爪は短く切っておく。

《手洗いの手順》

①水で濡らした手にハンドソープをとり、手の平、甲、指の間、指先を念入りに洗う。

②すすいだ後、爪専用ブラシで爪の先（専用ブラシは殺菌水に浸けておく）、手のしわの中をこすり、よくすすぐ。

③エアータオルで水滴を飛ばし、紙タオルで手をきれいに拭いた後、アルコールで手を除菌する。手を洗い終わったら、エアーシャワーを通り、再び白衣についたほこりなどを取る。

ウ）製造室内での衛生管理

　製造室内に入ったら、まず殺菌槽で長靴の底を殺菌し、マスク、ゴム手袋を着用する。マスクは鼻の上まできちんと覆い、外れないように装着する。ゴム手袋もきちんと手首まで覆う。

　各製造室の扉は常に閉めた状態にしておき、基本的に窓は開放しない。ただし、タンクの蒸気殺菌時など、製造室内に蒸気がこもる場合は菌が繁殖しやすい環境になってしまうため、扉を開放する場合もある。

　製造室内では、製造に入る前にまずバケツに塩素水（次亜塩素酸ソーダ）を作る。この際の塩素濃度は、直接食品に触れるものは100〜150ppm、それ以外は200ppmとする（使用する塩素の説明書を参考に読むこと）。

　また、製造に使うタオルや道具もあらかじめ塩素水に浸ける。殺菌水に浸ける時間は最低5〜10分間とする。器具用殺菌槽の殺菌水については、塩素濃度の測定を毎回行い、濃度が薄くなる前に交換する。殺菌槽も洗剤で洗い衛生的にしておく。

　また製造中は、アルコールによる手殺菌、機器殺菌を頻繁に行い、充填を行う際や作業中にゴム手袋が汚れたり破れたりした場合などは、速やかに清潔なものに変える。

　作業台が汚れている場合は、殺菌水に浸けておいたタオルで拭き取る。タオルも汚れたら水で汚れを落とし、殺菌水に浸けてから使用する。タオルを絞る時は、殺菌水の入ったバケツの上から絞るのではなく、床の上で

絞り、殺菌水が汚れないようにする。

　商品を製造する際、甘味料などの材料を入れて調合をする場合がある。その際は菌が空気中にいる可能性もあるため、エアコンや換気扇などの空調を止めてから調合を行う。

　製造中や充填中は、その作業を行っている部屋への人の出入りは極力控える。乳酸菌、抹茶等、未殺菌で原料として使用するものは、雑菌やほこりなどが入り込まないように、密閉性のある容器にアルコール消毒をして保存する。粉末状のものを使用する際は、粉がエアコンに詰まる可能性もあるため、空調、換気扇を止めて製造する。

　また、ミルク缶などを使用する際は直接床には置かず、クレート（プラスチックなどでできた枠箱）などを下に置き、その上にミルク缶などの使用器具を置くようにする。

エ）原材料、包材などの搬入

　製造で使用するボトルやキャップ、各材料などは、外から入ってくるため汚染されている可能性が最も高い。それらを製造室内に持ち込む際は、入室前に材料の周りをタオルなどで拭き、アルコールをかけてきれいな状態にしてしてから持ち込む。またそういった作業を行なった際は、ゴム手袋を替えてから製造を行う。

　さらに外からの搬入で虫が入ってくる可能性が高いため、扉を開けておく時間はできるだけ短くする。搬入した部屋と製造室に入る扉の間には、長靴を殺菌する殺菌槽を置いておき、製造室に入る際は必ず長靴を殺菌してから入る。

　甘味料などの液体を調合して使う材料は、外から入ってきた状態のものをそのままアルコール噴霧して持ち込むことはしない。製造用のきれいな容器に移し替えてから製造室内に持ち込む。この際も移し替える容器の口の部分などにはアルコールを噴霧して、衛生的に移し替える。

　ジュースやジャムのような瓶に入っている材料などは、外から搬入の際にほこりやゴミがあればきれいなタオルで拭き、全体にアルコール噴霧をする。また、そのまますぐに製造に使用するのではなく、瓶を丸ごと殺菌

水に浸けて全体を殺菌してから調合する。

　このように外からの原材料、包材等の搬入には十分注意して、対策しておくと良い。

オ）CIP洗浄

　次に製造後のライン、タンク等の洗浄について説明する。

　製品の充填が終わり、タンクが空になったらまず、すすぎを行う。汚れた状態で洗浄をしても効果がないため、40 〜 60℃程度のぬるめの湯で循環させながらすすぐ。

　その後、タンクに湯と洗剤を入れ75℃まで温度を上げて、15分間循環させる。これをCIP洗浄（Cleaning In Place・定置洗浄）という。

　CIP洗浄の湯は床や廊下に撒き、ブラシで汚れた部分などを洗う。CIP洗浄が終わったら、ぬるま湯くらいの温度の水をタンクにはり、すすぎを行う。すすぎは2回行う。このすすぎ水も床や廊下に撒き洗い流す。すすぎがきちんとできているかについては、洗剤と反応するフェノールフタレインで確認をして、その後は充填機やポンプなどの分解洗浄を行う。

　分解洗浄では、配管でつながっているパイプやL型バルブ、F型バルブ、ストレーナーなどの部品をはずす。

　汚れている状態で殺菌水や蒸気殺菌をしても効果がないため、部品一つ一つを分解して洗剤できれいに洗う。毎回すべての部品を洗浄する必要はないが、月に1回はすべての部品が洗われているようにするのが好ましい。

　また洗浄用のスポンジも使い分けが必要である。リングブロワーなど、床に直接置いて使用しているような、製品には直接的に接触しない部品などは、床用のスポンジやブラシで洗い、サニタリー配管で使用している部品などはきれいなもので洗う。

　洗剤で部品を洗った後はていねいにすすぎ、殺菌水に浸けておいたタオルで水気を拭き取り乾燥させる。また、作業台やシンク、タンク周りなども洗剤で洗い流し、濡れている部分はタオルでふき水気がない状態にする。床もスクレイパーなどで水を切る。扉の溝や窓の淵などには汚れが溜まりやすいため、こういったところの水気も掃除するようにする。

カ）洗瓶作業の衛生管理

洗瓶作業の場合も、製造室に入る時と同じく、まず髪の毛や服に付いたほこりなどが入らないように、バンダナや粘着ローラーをしてから作業を行うこと。そして洗瓶室用の長靴に履き替えて作業を行う。

まずは瓶の汚れを落ちやすくするために、泡立たない洗剤（エクリンGE）を入れた熱湯に瓶を浸けておく。次にすすぎ水として温かめの湯（40℃〜50℃）を準備しておく。最後に殺菌水を作っておく。

洗い方は、まず軍手を装着して、洗剤に浸けておいた瓶を取り出し、洗瓶ブラシを使って瓶の中を洗う。外側は、手にはめた軍手で一本につき胴部分20回、口5回、底5回ずつこすり、それぞれの箇所について汚れが残っていないか目視検査を徹底する。

次に、すすぎ水として溜めておいた水で2回程度すすぎを行う。ここでも汚れがきちんと落ちているか目視確認を行う。

次に殺菌水に5分間は浸けておき、殺菌後は瓶が乾きやすいように、口を下にしてクレートに入れる。クレートは、床用クレートの上にもう一つ空のクレートを置き、そのクレートに寒冷紗という布を敷いて次のクレートを置く。

そのクレートから瓶を入れていき、ある程度の高さになったら、その上から隙間がないように寒冷紗で全体を覆う。これは虫やほこりなどが入らないようにするための作業である。寒冷紗も殺菌水につけておき殺菌したものを使用する。

洗瓶室の洗い水、すすぎ水などは全て捨て、水槽などは全て洗剤で洗う。そして、製造室の時と同じように、水気は全てタオルで拭き取り、床の水気もスクレイパーなどで切る。

キ）冷蔵庫、冷凍庫内の衛生管理

冷蔵庫、冷凍庫では、外から出入りする際の専用のスリッパを準備する。外から入ってくる雑菌を防ぐため履物は必ず使い分ける。また、製造室内から冷蔵庫、冷凍庫に出入りする際は、菌を持ち込まないため製造室内に靴の殺菌槽を準備しておき、出入りの際は必ず長靴の底を殺菌する。

また冷蔵庫内、冷凍庫内は外と製造室でつながっているため、同時に扉を開けないこと。片方ずつ開けて出入りすることを徹底する。

ク）その他

以上が大体の製造室の管理方法である。他にも配管上、電気かさの掃除や窓枠、タンクモーターの周りのほこりをエアーガンを使用して除去するなど、気になるところはこまめに掃除し、常にきれいな状態を保っておくことが大切である。

また、製造や充填などの作業がまだ残っている時に、外で土や牛を触るなどの衛生的でないことは行わない。

猫、犬などを飼っている場合も、毛が服に付きそのまま製造室に持ち込んでしまったり、商品の発送時に詰めた箱の中などに入ってしまったりすることがある。ペットなどは極力つないでおき、衛生的に行う作業が終わるまでは触らないようにしなければならない。　　　〔7～8：田原望実著〕

9　乳製品の製造方法

中洞牧場の製造プラントでは、牛乳、ヨーグルト、ソフトクリームミックス、アイスクリーム、バターを製造している。これらの製品があることで、牛乳以外の形でも「ホンモノの牛乳」を味わってもらうことができる。

どんな製品をつくるかについては、用意できる施設や人手などとの兼ね合いを考え、製造に携わるスタッフたちの希望も取り入れながら決めてきた。経営という視点で考えれば、当然、利益率も考慮しなければならないし、消費者の要望にも応えていきたい。

以下にはそれぞれの製品について、基本的な概要および製造方法と、当牧場における特徴を記す。

はじめに全製品の製造に共通する工程である機器殺菌、受乳について、続いて各製品の製造方法を述べたい。これらを行う環境は衛生的であることが前提である。製造室の衛生管理については前項を参照していただきたい。

ア）機器殺菌

使用機器（タンク、サニタリーポンプなどを含む充填機までの全てのパイプライン）に蒸気を流し、90℃で5分間の加熱殺菌を行う。

イ）受乳

各製品の製造は、原料となる乳（原乳＝生乳）の受け入れから始まる。中洞牧場では搾乳舎とプラントが隣接しており、牛舎内のバルククーラーからプラントのストレージタンクへつないだ約50mのパイプラインを通し、サニタリーポンプを介して原乳を送っている。

プラントのバルククーラーへ送乳した際に、比重、pH、PLテスト、風味の検査を行い、異常乳でないかを確認する。さらにプラント内の検査室では原乳中の大腸菌群および一般細菌数、SA（黄色ブドウ球菌）、酸度、糖度の測定と、抗生物質残留、アルコール凝集反応検査を行う。

中洞牧場で定めている各検査項目の基準を以下に記す。

比重	15℃で 1.028 ～ 1.034（ホルスタイン乳の場合、平均 1.032）
pH	新鮮な牛乳の pH は 6.3 ～ 6.8 である。温度の上昇に伴って低下する傾向にある
PL テスト	マイナスであること
風味	塩味や苦味等の異常味がしないこと
大腸菌群数	数に規定はない。陰性か陽性かで判断する
一般細菌数	原乳 1ml あたり 400 万以下であること
酸度	乳酸として 0.18 以下であることが条件。0.16 以下であれば良質な乳と言える
SA（黄色ブドウ球菌）	少数でも検出されれば、搾乳牛の中に感染牛がいるということであり、他の牛への感染を防止すべきである。SA は 10 ～ 46℃の温度域で毒素（エンテロトキシン）を産生するため、搾乳後の原乳は直ちに冷却する必要がある
抗生物質	残留している原乳は出荷・加工ともに不可
アルコール凝集反応	マイナスであることが望ましい

プラントのバルククーラーから各製造室内のタンクに受乳する際も、サニタリーポンプを介する。必要に応じてスイングベントによりラインを切り替え、各製造室内それぞれのタンクに乳を分配する。

ウ）牛乳製造
①成分規格
　一般に、生乳を乳等省令の基準に基づいて加熱殺菌したものを牛乳と呼ぶ。原料として使用する生乳には、他の原料を加えたり、成分を除去したりしてはならない。飲料として販売する牛乳については、乳等省令により以下の成分規格が定められている。

無脂乳固形分	8.0％以上
乳脂肪分	3.0％以上
大腸菌群	陰性
一般細菌数	50,000以下
比重（摂氏15℃）	1.028～1.036 （ジャージー種の牛の乳のみ使用の場合）1.028～1.034
酸度（乳酸として）	0.20％以下 （ジャージー種の牛の乳のみ使用の場合）0.18％以下

　乳等省令における乳脂肪分の基準は3.0％である。ただし、酪農家が農協に乳を出荷する際の基準は3.5％以上とされ、これに満たない乳の買い取り価格は半値程度に下げられる。
　ジャージー種の牛の乳は、ホルスタイン種のそれに比べて乳脂肪分および乳固形分の割合が高く、比重が重くなる。中洞牧場では、ジャージーと、ジャージーとホルスタインの交雑種の牛を使用している。

②製造方法
　原乳を受乳し、加熱殺菌後、冷却して充填する。以下に各工程の詳細を記す。

i. 殺菌

　牛乳の味には、原乳そのものの味だけでなく、殺菌方法によって風味の変化が現れる。この工程で味が決まると言っても過言ではない。殺菌の方法は、乳等省令で「保持式により摂氏63℃で30分間加熱、もしくは、それと同等以上の効果を有する方法で加熱殺菌すること」が定められている。その方法として一般的に以下の3つが挙げられている。

　A. 低温長時間殺菌法 (LTLT:Low Temperature Long Time)
　　　63 〜 65℃　30分間加熱
　B. 高温短時間殺菌法 (HTST:High Temperature Short Time)
　　　72 〜 75℃　15秒間加熱
　C. 超高温殺菌法 (UHT:Ultra High Temperature)
　　　120 〜 150℃　1 〜 4秒間加熱

　市場に流通している牛乳の90%以上は、上記のC.超高温殺菌法にて殺菌されている。この方法は、保存性においては他の殺菌法より優れているが、乳酸菌などの有益な菌も死滅させてしまうほか、タンパク質の変形性や焦げ付きによる風味の劣化が生じる。また、乳脂肪が製造ラインにこびりついてしまうため、ホモジナイズ処理（脂肪球の破壊）をしなければならない。

　中洞牧場の牛乳は、上記のA. 低温長時間殺菌法（63 〜 65℃ 30分間加熱）にて製造している。この条件においては腐敗菌などの有害な菌は死滅させつつ、乳酸菌などの有益な菌を残し、より生乳の風味を生かすことができる。

　また、乳脂肪のこびりつきが起こらないため、ホモジナイズ処理をする必要がない。この処理をしない牛乳はノンホモジナイズド牛乳（ノンホモ牛乳）と呼ばれる。静置しておくと表面に乳脂肪分が浮き、クリームラインと呼ばれるクリームの固まりができる。

　さらに、ノンホモ牛乳を容器に1/3程度入れ、激しく振り続けるとバターができる。バターの製造方法は後に詳しく述べるが、現在ノンホモ牛乳は

国内では非常に少なく、それは同時に、超高温殺菌牛乳が多く出回っているということである。

ii. 冷却

　殺菌後の乳は、サニタリー配管を通してサージタンクに移動し、5℃以下に冷却する。牛乳の命は冷却ともいえる。殺菌したらすぐに冷却することで賞味期限が長くなる。また、牛乳の風味の劣化を防ぐためにも、この工程はできる限り素早く行うようにしたい。

　冷却の方法として、昔はタンクに入った63℃の牛乳を0℃のチルド水（冷却水）に入れ、かく拌して冷やしていた。湯せんの逆のような方法だが、それでは時間がかかるので、今はプレート式の熱交換器を使用する。ステンレスの板（プレート）の間を、63℃の牛乳と0℃の冷水を交差させることで、一瞬で5℃まで下げることができる。

iii. 充填

　充填は5℃以下で行う。サージタンクから牛乳を充填機まで運ぶラインの途中にストレーナー（濾過器）を取り付け、異物を除去する。金属の混入を防ぐため、マグネットストレーナー（磁気性の濾過器）も使用すると良い。

　中洞牧場では主に720mlビンに充填している。充填前に、殺菌したビンに傷や割れがないか、異物が混入していないかを目視で確認し、充填後も再度、同様に目視で検品を行う。これを通過したビンには、紙栓で蓋をしてシュリンクを装着してハンドヒーターで加熱し、密封する。

エ）発酵乳（ヨーグルト）製造

①成分規格

　殺菌した牛乳に乳酸菌を加えて発酵させたものを発酵乳（ヨーグルト）という。乳等省令においては「乳またはこれと同等以上の無脂肪固形分を含む乳等を、乳酸菌または酵母で発酵させ、糊状または液状にしたもの、又はこれらを凍結したもの」と規定されている。

- 無脂乳固形分 …… 8.0％以上
- 乳脂肪分 …… 3.0％以上
- 大腸菌群 ……… 陰性
- 乳酸菌数 ……… 10,000,000以上

②製造方法

　原乳を受乳後、加熱殺菌を行い、40°前後に冷却して乳酸菌を移植し、タンク内で発酵させる。中洞牧場では、発酵後にかく拌して液体状にし、ドリンクタイプのヨーグルトとして販売している。以下にそれぞれの工程を記す。

i. 殺菌

　乳等省令では、発酵乳の原料（乳酸菌等は除く）は、「摂氏63℃で30分間加熱、もしくはそれと同等以上の効果を有する方法で殺菌すること」と規定されている。

　殺菌温度の条件は、原乳の状態、主に細菌数により異なる。つまり、原乳の細菌数が多いほど、より高温、長時間の加熱が必要になる。殺菌が不十分だと、後に乳酸菌を投入し発酵させている間に乳酸菌以外の菌が増殖し、異常発酵を引き起こしてしまう。そのため、殺菌の条件は慎重に決めるべきである。

　殺菌終了後、使用する乳酸菌の至適温度（40℃前後）まで速やかに冷却する。中洞牧場では、80℃に達した時点で加熱を止め、冷却を開始している。

ii. 植菌・発酵

　使用する乳酸菌の至適温度に調整した乳に乳酸菌を投入する。この時、投入口周辺や手、乳酸菌の容器などにアルコールを噴霧し、雑菌が混入しないよう細心の注意を払う。

　乳全体に乳酸菌が混ざったら、かく拌を止めて静置したまま発酵させる。使用する乳酸菌によって発酵温度および時間が異なるため、あらかじめ確

牛乳充填機

牛乳の流れを止めるL型バルブと方向を変える三方コック

認が必要である。発酵時間は数時間で終了するものから十数時間を要するものまで様々であるが、温水装置を利用してタンクに温水を循環させると、長時間の保温が容易である。

iii. 冷却

乳酸菌の活動（発酵）を止める工程である。任意の時間発酵させた乳をかく拌しながら5℃以下まで冷却する。このとき、乳のpHを測定して発酵の進行度合いを把握する目安とする。

pH5.0程度で乳タンパク質が固まり、pH4.6以下まで低下すると、より組織の安定したヨーグルトができる。冷却したヨーグルトは、牛乳と同様、ストレーナーを通して充填する。

iv. 甘味料・フレーバー添加

ヨーグルトに甘味料やフレーバーを添加したい場合、汚染防止のために原乳の状態で調合し、乳と一緒に加熱殺菌することが望ましい。しかしながら、果実あるいは果汁類など、その酸によって乳が熱凝固を起こしたり、熱によって変色したりするものは、発酵終了後に添加する。

オ）ソフトクリームとアイスクリーム

牛乳、ヨーグルト（ドリンクタイプ）の製造方法に続き、ソフトクリームおよびアイスクリーム、バターの製造方法について、当牧場の製造方法や製品の特徴を交えて記す。

①成分規格

ソフトクリームとアイスクリームは、次の表に示す通り、乳等省令により、乳固形分と乳脂肪分の割合から、その種類が定められる。

②製造方法

ソフトクリームおよびアイスクリームのミックスは、原材料を調合・溶解し、加熱殺菌（68℃30分間）した後に直ちに冷却し、5℃以下の低温で静置（エージング）して製造する。

そのミックスをフリージングし、ソフトクリームは通常 - 5℃〜 - 7℃の比較的柔らかい状態で提供し、アイスクリームは容器に充填して急速凍結（硬化）させたものを、 - 18℃以下（通常 - 25 〜 - 30℃）で保管し、提供している。

　両者の大きな違いは温度にある。より温度の低い（＝甘みを感じにくい）アイスクリームは、甘味料の割合をソフトクリームに比べて高く設定するのが一般的である。

　製造は以下のように行われる。

i. 原材料の調合

　ソフトクリームおよびアイスクリームの滑らかな舌触りを生み出すには、適度な脂肪分が必要である。アイスミルクやラクトアイスのように、乳脂肪分の割合の基準が低い製品に関しては、一般的には原材料のコストを抑えるために乳脂肪の使用量が抑えられ、それを補うためにパーム油等の植物性油脂が使用されている。

　中洞牧場のソフトクリームおよびカップアイス（アイスミルク）は、その約8割を生乳が占め、残りの約2割は脱脂粉乳と甘味料である。

　味については、基本のミルクアイスに加えて抹茶、チョコ、ヨーグルトの4種類を製造している。それぞれ抹茶粉末やココアパウダーなどを加えるものの、安定剤や乳化剤は使用していない。各フレーバーともに乳脂肪分は3％台であるが、植物性油脂は添加していない。

　詳しい配合割合についてはここでは述べないが、充填作業を素早く行い、急速凍結させることで、舌触りを損なうことなくおいしいアイスを提供できる。

ii. 製法

　殺菌は68℃で30分間加熱、またはこれと同等の効果がある方法で行う。乳以外の原料を混合しているため、牛乳の殺菌温度より高く設定されている。

iii. 冷却（エージング）

　その後、エージングによってミックス中の脂肪分の結晶化を促し、組織の滑らかさと安定性を向上させる。エージングさせたミックスは、ソフト

	乳固形分	乳脂肪分
アイスクリーム	15% 以上	8% 以上
アイスミルク	10% 以上	3% 以上
ラクトアイス	3% 以上	

アイスクリーム類の分類

クリームフリーザーやアイスクリームフリーザーにてフリージングする。

　ソフトクリームはコーンやカップなどに出してそのまま提供、アイスクリームはソフトクリーム状の柔らかい状態で容器に充填し、-30℃前後で急速凍結（硬化）させる。

　アイスフリーザーの内部には羽が取り付けられている。壁面で凍結したミックスを回転しながらかきとり、空気を含ませながら混合することで、ソフトクリーム状に仕上げることができる。

iv. 充填

　充填は手作業が保健所に認められている地区もあるが、一般的には充填機を用いて行う。その後、カップシーラーを用いてフィルムで密閉し、ふたを被せて製品とする。

　アイスクリームはミックスの殺菌以後、殺菌工程がないため、フリージングから充填までの作業は特に衛生管理に注意すべきである。

v. 硬化（急速凍結）

　硬化はできる限り低温（-30℃前後）で、素早く行われるべきである。硬化に時間がかかると製品中の氷の結晶が大きくなり、ざらざらとした舌触りの原因となる。

アイスフリーザー　　　　　　　　アイスフリーザーの内部

カ）バター

①成分規格

　バターとは、生乳、牛乳または特別牛乳から得られた脂肪粒を練圧したものを指す。牛乳を遠心分離することでクリームと脱脂乳に分けたうち、クリームを激しく揺盪（チャーニング・かく拌）することで乳脂肪を固めて製造する。

　乳等省令による成分規格は以下のように定められている。

- ・乳脂肪分 ……… 80.0％以上
- ・水分 …………… 17.0％以下
- ・大腸菌群 ……… 陰性

　発酵させていないバターを甘性クリームバター、乳酸発酵させたバターを発酵クリームバターという。又、食塩を加えたものを有塩バター、加えないものを無塩バターという。

　生乳中に含まれる脂肪分は3.5～5.0％で、牛に与える飼料や季節などで変化する。乳脂肪は、牛の乳腺上皮細胞から分泌される際に二重の膜に

覆われ、球の形をしている。その大きさは牛の品種によって異なるが、おおむね直径1μmで、生乳中に存在している。

乳脂肪球膜の主成分はタンパク質とリン脂質で、中身はほとんどがトリグリセリド（トリアシルグリセロール）の中性脂肪である。トリグリセリドは膜の中で温度によって液化、固化するため、その状態を利用してバターを製造する。

大規模な工場では、連続式バター製造機により大量に生産しているが、ここではバッチ式のバター製造法を紹介する。製造工程は、分離→殺菌→冷却→エージング→チャーニング→バターミルク排除→手洗い→水切り→ワーキングの手順で行われる。

①分離

原料乳を加熱し、クリームセパレーターの遠心分離によって、比重の軽いクリームと比重の重い脱脂乳に分離する。

原料乳の温度は35〜40℃が望ましい。高温であるほど粘度が低くなるためクリーム量が増え、脂肪率は下がる。牛の体温である38℃前後が良いとする考えもあるが、使用するセパレーターや原料乳の性質によって調節が必要である。ホモジナイズしていない生乳（牛乳）であれば、静置しておくことで脂肪が浮いてくるのを利用してクリームをとることもできる。

②殺菌・冷却・エージング

乳等省令による明確な殺菌方法の基準はないが、最終製品であるバターに大腸菌群が検出されないことを目標に、中洞牧場では68℃で30分間加熱している。殺菌条件は乳の状態によっても異なるが、脂肪球膜の二重構造により熱が伝わりにくいため、牛乳の殺菌よりも長く設定する必要があるという考えもある。

その後の冷却は、できるだけ物理的な衝撃を少なくして素早く5℃以下にて静置する（エージング）。わずかな衝撃でも脂肪球膜内の脂肪の状態が変化するため、とりわけ慎重に行いたい。エージングを行うことで、殺菌の加熱によって液状化した脂肪球膜内のトリグリセリドが冷却され、再

クリームセパレーター

バターチャーン

び固化する。エージングが十分でないと、バターミルクに液化した脂肪が流出してしまい歩留りが悪くなる。

③チャーニング

　エージングしたクリームを、バターチャーンにて激しくかく拌する。これにより脂肪球の膜が破れ、徐々に脂肪同士が集まる。その結果、コメ粒大程度のバター粒と、それ以外の糖質やタンパク質、灰分を含んだバターミルクに分かれる。

　チャーニングの時間は30分から1時間程度が望ましい。青草を主食とする放牧ウシの乳脂肪は、乾草やサイレージを主食とするウシのそれに比べて不飽和脂肪酸が多く、融点が低い。そのため、チャーニングの温度は前者は低く（5℃前後）、後者は高く（14℃前後）設定する必要がある。また室温などの影響も受けるため、製造中の温度管理が重要である。

④バターミルク排出・水洗い・水切り

　チャーニング終了後、チャーンの排水口からバターミルクを排出する。

このバターミルクには、クリーム中の乳脂肪以外の栄養分が残っており美味である。そのまま飲んだり、シチューなどの料理に利用したりしても良い。

　排出後、バターミルクよりも低い温度の水を入れて再びバターチャーンを回し、バターミルクを洗い流す（水洗い）。水洗いすることで、脂肪以外の成分が除かれ、保存性が向上する。その後静置し、チャーンから水分が出なくなるまでしっかり水を切る。

⑤ワーキング（錬圧）・加塩
　チャーン内のローラー、または手動で錬圧を行う（ワーキング）。スパチュラなどで、バターを厚さ1mmほど削りとったしわの部分に水滴が確認できなくなるまで練ると、水分が脂肪に均質に混ざり、柔らかい滑らかな組織のバターが得られる。

　有塩バターの場合は、軽くワーキングした後、塩を振りかけてバターに均一に分散するように練る。ワーキングの温度が高すぎると十分に練ることができないため、水洗いの水温によってバターの温度を調節する。ワーキング終了のタイミングによってバターの風味や組織は変化する。

　よりおいしいバターを作るためには、脂肪の性質を理解することが重要である。最終的にチャーニングの工程で脂肪球膜が破れて脂肪粒を作るが、その前工程で脂肪球膜が破れてしまうとおいしいバターにならない。脂肪酸が生乳中のリポタンパク質リパーゼの加水分解の作用を受け、遊離脂肪酸とグリセロールに分解して特有の匂い（ランシッド臭）を発生させてしまうからだ。

　脂肪球は目では見えないが、生乳やクリームを加温してしばらく静置した際に、オイル化した黄色の脂肪が浮くことで膜から破れ出た脂肪の存在を確認することができる。

　特に放牧で青草を食べさせているウシの生乳は、オレイン酸などの青草由来の融点の低い不飽和脂肪酸が多く含まれているため、脂肪が柔らかく、脂肪球膜は薄く壊れやすい。原料乳の脂肪の性質を知り、製造時は必要以上の物理的な衝撃をなるべく与えず、脂肪球が壊れにくい温度で扱うことが大切である。

10 販売の方法

　販売の方法として、「直販」「卸」「通販」の3つに分けられる。それぞれの特徴を表にまとめた。

1) 直売（対面販売）	**ⅰ. 直営店** **（自社店舗・百貨店や商業施設へのテナント出店）** ・家賃または売上歩合 ・多額な設備投資が必要 　※立地条件さえ良ければ、牧場内の売店がベスト。
	ⅱ. 百貨店催事やマルシェ、イベントへの催事出店 ・売上歩合 ・短期出店となる ・人員の確保が必要 ・天候に左右されることが多い ・什器、設備、商品等を運搬・搬入の手間とコストがかかる
	ⅲ. 宅配、移動販売 ・牧場スタッフ便…生産・製造スタッフが自ら販売者として思いや商品の良さをアピールしながら地元との交流ができる ・限られた時間に広範囲を網羅できないが、固定客がつくと安定する
2) 卸	**ⅰ. 自然食品店**
	ⅱ. こだわりのスーパー
	ⅲ. こだわりのレストラン
	ⅳ. 百貨店 ・カタログ ・ギフト
	ⅴ. 会員制自然食団体
	ⅵ. 一般の会社等 ・お中元、お歳暮
3) 通販（ネット）	**ⅰ. 自社HP**
	ⅱ. 既存のモールに出店（楽天、yahoo! など…情報が多く掲載できるとともに在庫調整が楽である）

様々な業社には、全国からかなりの数の売り込みがあるため、飛び込み営業をしても、また商談日にうまく滑り込めたとしても、取引につながらないことの方が多い。取引につながることはかなり難しいのが現状である。

　そのために、FOODEXやスーパーマーケットトレードショー、自治体などが主催する商談会に出店したり、百貨店の地方物産展に出展したりしてPRに努めたい。そうして直接バイヤーたちの目に留まったり、興味を持ってもらったりして名刺交換につなげることが、実りある商談成立への近道となる。

　しかし、出展料やブース装飾費の負担が大きい場合もあるので、費用対効果を考えたうえで選択することになる。その意味では、自治体が主催や後援している商談会は費用負担がほとんどないので大いに活用したい。

　出展の際は、商品のこだわりや同業他社との違いがわかる商談シートやパンフレット、チラシなどを必ず用意し、試飲試食をしてもらう。興味を持ってくれた企業へは会場でサンプルを渡してもよいが、できれば終了後に送る約束をし、名刺を交換する。サンプルを持参して詳しい説明をする機会を持つことができれば、商談成立にぐんと近づく。

　最近では、自然栽培やオーガニックに特化した販売店や生産者のグループが増えてきている。ホームページもさることながら、フェイスブックをはじめとするSNSなども、情報収集やネットワークを広げるのに大変有効なのでぜひ活用したい。

　一般の店頭で販売する場合、よほどのインパクトやネームバリューがないと価格の差だけが際立つことが多く、商品の差別化を打ち出すことが難しい。

　また、牛乳を単独で販売するよりも、無農薬の野菜や無添加の食材を一緒に売ることで、安全志向、本物志向の消費者が必要なもの、欲しいものを探しやすく、買いやすい舞台を用意できる。自然食品店などにはそうしたものを求めてお客様が来店するので、他商品との相乗効果でより売れるようになるのは自明の理である。

　最近取引を始めた都内でも有数の外国人客の多い高級スーパーでは、お客様からの要望で「無糖のドリンクヨーグルト」を探していたということ

で、大変喜んでもらえた。彼らは飲用としてだけでなく、料理用にもヨーグルトを使うということだった。

外国では、低温殺菌牛乳が主流なのに、日本にはそうした人たちが満足できる牛乳がたいへん少ない。肉食が多い一方で健康にも気をつかうので、低脂肪牛乳もよく売れるという。高脂肪をありがたがる日本のニーズとは異なる市場がここにはあった。

また、化学物質を受け付けない体の方や、病弱の方が「この牛乳なら」「このアイスなら」「なかほら牧場の乳製品なら」体が拒否しないと言って、継続して購入してくださる。一人だけではない。そうした方たちは、自分の命をつなぐための糧として買ってくれている。体がバロメーターのこうした方たちに対して「なんちゃって無農薬」「なんちゃって無添加」の商品を作って裏切ることはできない。

そういった、消費者の方々と心をつなごうとする作り手の想いを込めた安全・安心な製品が当たり前のものとして広がっていってほしい。「牛乳といったら、ノンホモ・低温殺菌」「超高温殺菌？ 何それ?」という時代が来る日を願ってやまない。

製品だけならうまい、まずい、安い、高いという価値判断しかない。そうではなくて牛と共に生活し、健全な自然環境を整えていく背景や牧場の景観、そういったすべてを含めて商品の価値を判断してもらう。それによって経済が成り立つことが、山地酪農の持続はもちろん、美しい山々の景観を守ることにもつながっていくのだ。人間も動物もカラダは食べたもの、飲んだもので出来ているのだから。

第4章
中洞式山地酪農を振り返る

1 小学生の頃から「酪農家が夢」

　中洞牧場は北上山地東部、岩手県岩泉町の高原地帯にある。標高は720m。牧場面積は約130haで、そこに150頭の牛を飼っている。冬は1mぐらいは雪が積もるが、牛は牛舎に入れず、周年昼夜自然放牧ある。

　1984年、山地酪農を目指してこの地に入植して以来、今年で37年になる。紆余曲折あったが、何とか現在まで続けてこられた。

　私が生まれたのは1952年、現在の宮古市の北部にある佐羽根という小さな山あいの集落であった。

　中洞家は300年以上続く旧家である。私の生まれた頃、約2haの畑と今では定かではないが30ha程度の山林があったと思われる。当時の全国の一戸当たり平均耕作面積は0.9haと言われ「5反（0.5ha）百姓」という言葉で貧農をさしていた。それから見れば倍以上の畑があったことになる。戦前は水田もあり小作をさせていたが、戦後GHQによる農地解放で小作人に譲り渡した。

　私が生まれた頃は雑穀や麦・大豆などで11人の家族が自給自足しながら、わずかな現金収入を養蚕と凍み豆腐に頼る質素な暮らしをしていた。

　養蚕と凍み豆腐に代わって、酪農が集落に急速に広がったのは、1953年（昭和28年）の有畜農家創設特別措置法施行が大きかったと思われる。翌54年（昭和29年）には酪農振興法も施行され、60年頃には集落18戸のほとんどが2〜3頭の乳牛を飼っていた。

　牛の世話をし、生乳を入れた牛乳缶を背負って集乳所まで運ぶのは母の仕事だった。父は馬喰で関東地方などとの取引で、ほとんど家にはいなかった。

　小学生の頃から、畑仕事は嫌いでも牛の世話や搾乳の手伝いは大好きだった。ある日、絵本で見た『アルプスの少女ハイジ』の世界に憧れ、雄大な牧場で酪農家になるのが夢になった。

勉強は嫌いだった。小学校4年生まで集落の分校に通ったが、生徒21人に先生1人。1年生から4年生までひっくるめて教えていた。勉強らしい勉強なんてしなかったと思う。

　5年生からは7km離れた本校に片道1時間半もかけて歩いて通った。学校へ着けば疲れ果てて勉強どころではなかった。先生から「勉強しろ」と言われても「酪農家になるから勉強はいらない」と言い返していた。中学生になってもその調子で、高校に進学する気もなかった。その私に最初の転機をもたらしたのは父の事業の破綻だった。

2　高校中退し出稼ぎへ　近代酪農を知り再び高校入学

　1967年（昭和42年）、周囲に説得されて渋々と岩手県立遠野農業高校畜産科に入学。「畜産」という教科で初めて牛について学んだが勉強嫌いの私もこの教科には興味深々だった。

　馬喰をしていた父の事業が破綻したのはその頃だ。入学から3カ月後には下宿代も払えなくなり、自宅から通える県立宮古高校田老分校に転校。ところがその高校も1週間で中退。

　母と一緒に埼玉県深谷市の牧場に出稼ぎに行くことになった。母方の祖父が牧場長だった縁であった。

　行ってびっくりした。当時一戸当たりの平均頭数が10頭程度の時代、なんと搾乳牛が約50頭、総頭数で100頭をこす、当時では"超"のつく大規模酪農であった。入社した頃は牧夫3〜4人で約50頭の牛を手搾りで私も朝晩、股にバケツを挟んで10頭程度の牛を手搾りした。

　しばらくして外国製の最新鋭パイプラインミルカーが入り、まだ15歳の若造だった私にそのパイプラインミルカーでの搾乳を任せてもらえた。

　牛は1産で淘汰する"一腹搾り"。エサには豆腐カスなど食品廃棄物を使う"カス酪農"。当時は「これが近代酪農か」と素直に感動した。

　仕事が面白くなるほどちゃんと酪農を勉強したいと思うようになり、半年後に出稼ぎから戻ると翌春、今度は自分の意志で県立岩泉高校農業科に入学した。経済的に苦しんでいる母に泣いて反対されたことは今でも鮮明

に思い出す。

　この高校生活は大きな転機になり、初めて勉強する楽しさを知った。岩泉町は明治時代に酪農が始まった地域で、当時は牛飼いの神様のようなプライドを持った酪農家が大勢いた。農業科にも下閉伊郡下から広く生徒が集まり、私を含めて遠方の生徒は寮生活だった。

　教師も大学を出たばかりの20代が多く、舎監として交代で寮に泊まりに来る先生方が友達感覚で勉強を見てくれたり、東京や大学の話をしてくれたりしていた。

　おかげで、あれだけ勉強嫌いだった私が「東京の大学に行きたい」と考えるようになった。第一志望は麻布獣医科大学（現・麻布大学）。獣医はあの頃の牛飼いのステータスで、カッコよかった。

　しかし1年目はあえなく受験に失敗。あきらめきれず、働きながら翌年の合格を目指そうと、1972年（昭和47年）春、"金の卵"の一人として集団就職列車に乗り、上京した。

3　山地酪農との出会い　人生を決定づけた映画に衝撃

　1972年（昭和47年）に上京した私の就職先は東京・大森にある肉屋チェーン店を展開している会社だった。社長が岩泉町出身で、経済的に進学が難しい同郷出身の若者を雇用し、宿舎も提供して学校に通わせてくれていた。

　予備校に通いながら肉を切ったり売ったり、コロッケやカツを揚げたり。これがまた楽しかった。「お前、器用だな。肉屋に向いている」と店長におだてられ、そのうち予備校にもいかず勉強もせず、肉屋にぞっこん染まってしまった。

　このままだと本当に肉屋になってしまうと、半年で退職。故郷に戻って残り半年は自宅で必死に受験勉強した。しかし第一志望の麻布獣医科大学はさすがにもう無理かもしれない。どこか滑り止めで面白い大学はないかと調べ見つけたのが東京農業大学の農業拓殖学科（現・国際農業開発学科）だった。

結局、獣医の壁は厚く、東京農大に入学。これが入って見ると同期も先輩も面白いヤツばかり。もともと発展途上国の農業指導者や開拓者を養成するために設立された学科で、海外に飛び出す卒業生が多かった。仲間の多くも卒業後はブラジルだ、アフリカだと、海外で活躍する夢を熱く語っていた。この若さでしっかりとした将来展望をもって夢を語っている友人たちにいつも圧倒され続けていた。

　私も刺激を受けてブラジルで酪農をやる将来を想像したりした。1年生の夏、北海道中標津町の牧場に実習に行ってからは北海道にも憧れた。でもどちらもまだ漠然とした夢でしかなかった。

　学費を稼ぐためのアルバイトも忙しかった。林学科の大橋邦雄という先輩が学生起業した会社で、仕事はなんとゴルフ場の農薬散布。

　楽しかった。関東近郊の有名なゴルフ場を回れたし、酒も覚えた。おかげで学費を稼ぐはずが大半は飲み代に消え、卒業前になって学費を完済するのに一苦労でした。

　私のその後の酪農人生を決定づける出会いが訪れたのは2年生のときである。学内で「映画講演会『山地酪農に挑む』」という小さな看板を見つけたのである。

　ふらりと見に行って衝撃を受けた。高知県で山地酪農に挑む岡崎正英を追うドキュメンタリー映画だった。傾斜が40°近くもある崖のような急峻な山地を乳牛が歩き回っていたのである。それまで経験した近代酪農とは全く異なる風景。日本でもこんな酪農ができるのだと、このとき初めて知った。

4　帰郷し山地酪農に挑戦　29歳で山林5haを借地

　この映画は、それまで漠然としていた私の目指す酪農の姿をはっきり具現化してくれた。映画上映会を主催していた山地酪農研究会にすぐ入会し、研究会の活動に没頭した。

　この映画の監修者がその後、私の人生の師となる猶原恭爾博士であった。直接指導を受ける機会も得たが、山地酪農という言葉の生みの親でもあり、

「草の神様」とも呼ばれた植物生態学の研究者だった。

　山地の草資源の活用には牛が最も効果的という自身の研究結果から10年間、自ら乳牛を飼って理論を証明した、実践と信念の人でもあった。

　工業的な近代酪農による規模拡大ではなく、国土面積の7割を占める未利用の山地の草を生かした自然放牧こそ、持続型の酪農家だという猶原博士の「千年家構想」に強く共感した。

　ブラジルでも北海道でもなく、故郷の岩手から、私が日本の酪農を変えてやろうと、故郷に戻る決心をした。故郷に戻ろうと思ったのは、大学2年のとき他界した曽祖父への思いもあった。曽祖父は幼い頃に父親を亡くし、苦労しながら農作業や山作業など地道に働いて中洞家の資産を増やした。

　それを孫にあたる私の親父が一代で潰した。失望しながらも、曽孫の私に家を建て直す夢を最後まで託して99才で逝った。それだけに山地酪農を成功させ、私が中洞家を立て直そうという気概もあった。

　77年の大学卒業と同時に夢と希望に燃えて帰郷。ところが、実家は惨憺たる状況になっていた。親父の放蕩がその後も続き、わが家は山も農地もすべて失い、親父は行方知れずになっていた。

　母親の名義になっていた家、屋敷だけは残っていたが、肝心の山がない。土地も金もなく、破産した父のため信用もないから借金もできない。山仕事などで日銭を稼ぎながら、せめて10〜20haの山を借りたいとあがく日々が始まった。

　帰郷してすぐに叔父から1頭の牛を買ってもらい狭い土地ではあったものの放牧を始めた。それから4年目、ようやく田老町（現宮古市田老地区）の山中に約5haの土地を借りる事ができた。道路はガタガタの林道、電気もない本当の山の中。丸太を切り出し産業廃棄物の波トタンを集めて小屋を建て、ジャングルのような山林に有刺鉄線を張り、4〜5頭まで増えた牛を放牧した。

　言葉では知っていたものの「ジャングル放牧」に初めて挑戦したのである。すると1年もたたないうちにジャングルの下草を牛が食べつくし見る見るうちにきれいな草原へと変化していくのである。牛も雑草や笹、木の葉しか食べていないのに大きなお腹をし毛並みはつやつやとして、健康そ

のものの牛に変化して行くのがつぶさに分かり、感動した。

　それが私の山地酪農の原点だった。既に29歳になっていた。

5　国の開発事業で入植　近代酪農指導との間でもがく

　その後、徐々に牛を増やし、3年後には7頭くらいになっていたと思う。しかしその頭数では搾乳量も知れたもので、その日その日を生きるのに精一杯。貯金もできない。

　それでも挫折しなかったのは大学の山地酪農研究会の後輩たちが毎年手伝いに来てくれたおかげだった。弱音を吐くわけにはいかないから夢を語り続けた。語り続けていれば引っ込みがつかなくなる。今でも若者たちには「夢は語れ！　語れば必ず実現できる」と、言い続けている。

　岩泉町から、国の広域開発事業の一環として行われた北上山系総合開発事業による牧場開発地への入植を打診されたのはその頃だった。入植者一人に土地50haと70馬力のトラクター、牧草作業機械一式、鋼鉄製サイロ、42頭規模の対頭式のスタンチョンにバンクリーナー。至れり尽せりの最新設備に監視舎という住宅まで付いてた。

　1牧場当たりの投資額は2億円、補助金を除いた個人負担は7千万円。普通なら100万円の借金もできない人間に、7千万円も貸すというのだから、すごい事業だった。

　「補助金にだまされて手を出すな」「建て売り牧場に引っ掛かったら無用な借金に苦しむ」という猶原博士の言葉が何度も頭をよぎった。そうはいっても、相撲を取りたくても土俵がない、野球をやりたくてもバットがないような現状で悩み苦しんだ。

　悩んだ末に入植を決めたのは現地を見て「こんな山はめったにない」とほれ込んだのが大きかった。しかも交換分合の苦労もなく、50haのまとまった山を確保できるチャンスなどなかなかない。

　1984年（昭和59年）春、30歳で入植。それまで飼っていた牛と、開発公団の資金で購入した牛と合わせて約11頭を放牧した。

6 手法確立に四苦八苦 乳脂肪基準改定で存亡の危機

　1984年（昭和59年）、国営事業の牧場入植で最初に衝突したのは「耕起造成」か「不耕起造成」かだった。耕起造成とは山林の表土や木の切り株を剥ぎ、機械作業をしやすい状態にして外来種の牧草の種をまく方法である。

　不耕起造成は表土や切り株をそのまま活かし、牧草の種をまく方法。表土の腐植土には当然ながら栄養分や微量要素がたくさんあり、野シバなど野草も生えやすくなる。

　現在は当然、耕起造成が基本だ。しかし肥沃な表土を削っては山地酪農の根本が崩れる。すったもんだの挙句、「耕地造成するなら入植を辞退する」とタンカを切った。

　そうこうするうちに、初年度に耕起造成した牧草地の種子が雨で流出したこともあり、翌年度、ようやく不耕地造成が認められた。

　しかしこれで山地酪農が順調に実現したわけではない。猶原理論を理解していても実践は初めて。入植とほぼ同時に結婚したが、妻と二人、我ながらよくやったと思う。

　1989年（平和元年）ころからは昼も夜も24時間、365日の自然放牧で、出産も自然分娩に任せているが、入植当初はそこまで牛の力を信じきれなかった。

　出産の近そうな牛を見て回り、出産には夜中でも付き添い、山で生まれた子ウシをジープやトラックで牛舎に連れ帰っていた。

　臨月の妻と二人、生まれた子ウシをトラックに乗せ、一息ついた途端、「あ、今度は私だ」と妻が産気づき、あわてて病院に走ったこともあった。

　搾乳時に牛舎に戻って来ないウシを夜中にジープで探しに行った。真っ暗な50haの牧場を右往左往。携帯電話などない時代である。帰らない私を追って、今度は妻が牧場を探し回る。そんな繰り返しだった。

　しかし寝る間もなく働いても、入植者19人のうちで頭数も乳量も当然ながら最低。輸入穀物飼料を与えないから乳脂肪分も低い。「これでどうやって借金を返すのか」と指導が入る。

　舎飼いは断固拒否しましたが、借金があるから強気にも出られない。辛かった。最盛期は65頭まで頭数を増やし、乳量を増やす努力もした。

さらに1987年（昭和62年）、山地酪農の存亡にかかわる危機が訪れる。生乳の取引基準が改定され、乳脂肪基準が3.5%に引き上げられたのである。

7　エコロジー牛乳直売へ　取引基準改定と生産調整で決心

　1987年（昭和62年）に生乳取引基準の改定が行われた。それは牛乳の乳脂肪基準がそれまでの3.2%から引き上げられて3.5%になり、それを下回ると取引価格が半値程度になるというものだった。この基準が山地酪農の崩壊を招いたと私は思っている。

　当時はまだ岩手、秋田、高知、島根など、山地酪農に取り組む仲間が全国各地にいた。しかし配合飼料を与えない山地酪農では生乳の乳脂肪分が低く、夏場は3.5%を切ることがままあった。基準改定は山地酪農家にとって舎飼い酪農に転換するか、坐して経営破綻を待つかという踏み絵に等しいものであった。

　眠れない夜が続いた。舎飼いへの転換はそれまでの自分の人生を否定するのと同じである。しかし生乳は農協への全量無条件販売委託。取引基準に逆らうすべもない。

　出口の見えないまま悩み続けていた翌1988年（昭和63年）、生産調整が本格化した。それまで「乳量を増やせ」と尻をたたいていた農協職員が、今度は生乳に食紅を入れ出荷乳量の制限をする。妻は泣いて農協職員に食ってかかっていた。

　このとき、入植当時から感じていた酪農行政や生乳流通への疑問が激しい怒りに変わった。自分の信じる山地酪農の生乳の価値は全く評価されず、舎飼いの牛の生乳と混ぜられ、店頭では水より安く販売される。意に染まない指導に従い、働いても働いても生活は楽にならないどころか全く先が見えない。限界だと思った。農協出荷をやめれば、自分で生乳の殺菌処理プラントと販路を確保しなければならない。一介の酪農家にそんなあてなど全くない。

　開き直り、1992年（平成4年）1月、生乳を無殺菌のまま1.5リットルのペットボトルに詰めて、1軒1軒、宅配する直販を始めた。保健所に知ら

れたら大問題である。購入客には「内緒でお願いします」と口止めしながら宅配をした。

　しかしこの"ないしょの牛乳"は口コミで人気が広がり、あっという間に毎週100本以上を販売するまでになった。

　さすがにいつまでも内緒ではまずいと思い、62℃で30分間、低温殺菌と瓶詰めを引き受けてくれる相手を探し、地元の小さな乳業メーカーと出会い委託加工をお願いし正式デビューとなった。

　「奇跡のリンゴ」として今では有名な青森県のりんご農家・木村秋則さんと知り合ったのもこの年であった。木村さんは自らの顧客を紹介してくれ、宅配方法なども教えてくれた。

　こうして同年6月、私が本当に作りたかった自然放牧牛乳は、「エコロジー牛乳」の名で販売に踏み切ることができた。

8　6次化で販路を拡大　自家プラント建設、年商1億円突破

　1992年（平成4年）に販売を始めた自然放牧牛乳を「エコロジー牛乳」と名付けたのは、実は、有機農産物宅配会社「らでぃっしゅぼーや」との提携を視野に入れていたからである。

　同社が「エコロジー放牧豚」を扱っているという新聞記事を見たのは、まだ"ないしょの牛乳"を直売していたころだった。牛乳も放牧牛なのか、そんな牧場があるのか聞きたくて電話をしたのが、お付き合いのきっかけだった。担当の竹内周氏と一時間以上電話で酪農談議に花が咲いたのである。

　聞いてみると、放牧牛乳の提携先は探している最中とのこと。その後、興味を持った同社の社長である徳江倫明氏をはじめスタッフが貸切バスで牧場を訪ねてくれた。

　しかし、こちらは生乳の殺菌処理プラントもない。ようやく、地元乳業メーカーへの処理委託で「エコロジー牛乳」の販売にこぎつけたものの、委託したメーカーも低温殺菌処理は初めてで、品質が安定していなかった。

　しかも、形の上では農協経由で地元牛乳メーカーが生乳を買い取ったこ

とにしなければならず、メーカーへの加工委託料だけでなく農協へもばかにならない額のペーパーマージンを払わなければならなかった。

自分でミルクプラントを持ちたいという思いが募ったが、農協や乳業界に反発している私に農林系の金融機関が融資してくれるはずもなく、もんもんとした日々が続いた。

毎月の支払いのため地元銀行の小さな支店を利用していた。行員10数名の支店で支店長は40代前半の人だった。毎月その支店から委託加工費、農協へのペーパーマージン合わせて150～200万円を振り込んでいた。

ある日、支店長から声を掛けられ応接室に通され「毎月多額の振り込みを行っているようですが、その内容を教えていただきませんか」と、問われ支払い内容を説明した。

すると支店長は「それでは自社で牛乳工場を持てばその支払いはなくなるのですね」と、強く確認してきた。「もちろんその通りです」と答えると「融資を検討させていただけませんか」と言ってきた。地元では融資にとても厳しいとして知られた銀行である。返済額も月に50万程度で済むという。今までの支払額の三分の一から四分の一で済むわけだから断る理由は全くない。その後、融資までには紆余曲折はあったが1年後6,500万円の融資が決定した。その時支店長から言われた言葉が未だに脳裏から離れない。「事業もさることながら人物に融資したのです」と言われ身が引き締まる思いがした。

1997年（平成9年）6月、夢だったミルクプラントが完成。同時に、らでぃっしゅぼーやとの提携が始まり、さらに「大地を守る会」、都内の有名百貨店などと販路が広がっていった。

既存流通に風穴をあけた酪農家とメディアに取り上げられ、食の安全への関心や自然派志向の高まりも追い風になって、2004年（平成16年）には年商が1億円を突破。東北ニュービジネス協議会の「アントレプレナー大賞」、母校である「東京農大経営者大賞」など、起業家としてさまざまな賞もいただいた。

自分の信念がようやく社会に認められた気がした。しかし順風満帆の中、すぐ先に思わぬ落とし穴が待っていた。

東京農大経営者大賞

アントレプレナー大賞

9 民間ファンド導入で窮地 第二牧場とプラント9円で譲渡

　エコロジー牛乳の直売が軌道に乗ると、山地酪農に取り組みたいという企業などからコンサルティングの仕事も舞い込むようになった。

　2003年（平成15年）には（有）中洞牧場を株式会社に改組した。経営が軌道に乗ったこともあり、2004年（平成16年）に岩手県が中心となって創設した「いわてインキュベーションファンド」の投資を受けたことがそもそものきっかけだった。

　このファンドを運営するベンチャーキャピタルから株式会社への改組を勧められ、将来的には株式上場も視野に投資家を募ろうと提案されたのである。

　一介の酪農家だった私には株のことなど全く分からなかった。しかし投資家が集まれば今後、山地酪農を目指す若い人材に資金を融資する"山地酪農ファンド"も創設できるかもしれないと言われ、心が動いた。

　そもそもプラントの建設に融資してくれたのは農林系金融機関ではなく地銀だった。起業家として評価してくれたのも農業界ではなく異業種の経済界。民間ファンドの導入に抵抗がなかったのも事実であり他業種から評価されたことを誇りにも感じていた。

　程なく、ある投資家を紹介された。新興チェーンで成功していた小売のプロである。「この牛乳ならうちが販売会社を立ち上げれば売り上げを2

～3倍にできる」と言われた。

　それまで地道にこつこつ販路を広げてきたが、小売のプロがかかわればそんなこともできるのかと話に乗り、増産にむけて第二牧場も立ち上げた。

　甘かったと思う。結論を言えば、全く売れず、大赤字を出したのである。

　民間ファンドは怖いもので、利益が出なければすぐに整理の話になる。小売を担った販売会社と製造を担う（株）中洞牧場の間で経営責任をめぐる、うんざりするような議論に巻き込まれることになった。

　最終的に第二牧場と販売会社、せっかく作った自家プラントを含め、（株）中洞牧場をたった9円で譲渡した。残ったのは入植当時からの第一牧場だけだった。

　プラントを失えば商品は作れない。しばらくはコンサルティングで食いつなぎながら牛の搾乳をしては乳を捨てる、せつない日々が続いた。

　その苦境から救ってくれたのは、東京のＩＴ企業（株）リンクという会社であった。

10 日本酪農の復権目指せ　無尽蔵の草資源活用が急務

　（株）リンクはそのころ、インターネットのサーバー事業を運営していた会社である。その一部門であるオンラインモールの担当者から2006年（平成18年）頃、中洞牧場の存在を知ったスタッフから出店を打診されたのが出会いのきっかけだった。

　社長の岡田元治氏にお会いし、日本の酪農と乳業の現状、なぜ山地酪農なのか、私の思いをぶつけた。岡田氏は熱く共感してくれ、エコロジー牛乳は同社のショッピングモールの看板商品になった。

　2008年（平成20年）、プラントを失った後も岡田氏との付き合いは続いた。その岡田氏から「一緒にやりましょう」と提案された。同社が資金負担して新プラントを建設し、本来の中洞牧場の姿を取り戻そうと。

　投資家とのいざこざに懲りた私だったが、この話はありがたく受けた。理由は岡田氏の経営姿勢であった。

　浮き沈みの激しいＩＴ業界であるが、岡田氏は株主の意向に振り回され

ないようにと株式上場せず、しかも社員は正社員雇用で、年金受給年齢まで雇用する「変動定年制」。牧場への経営参画も、今後増加する高齢社員層の継続雇用の場と位置づけてのことだった。

2010年（平成22年）、（株）企業農業研究所を設立。「中洞牧場」の名は屋号として存続し、私は牧場長になった。同時に山地酪農のコンサルティングを行う（株）山地酪農研究所も設立した。

2012年（平成24年）には研修・宿泊施設と事務所を兼ねた研修棟と、念願の加工プラントが完成。生乳を再び製品として世に出せるようになった。

今、日本の酪農は大きな転機にある。飼料高騰の中、北海道ですら毎年200戸前後が離農している。農政は規模拡大による内外価格差の縮小ばかり求めてきたが、酪農に限らず日本農業の衰退を見れば完全な失策だったと思う。

欧米での家畜福祉認証の広がりを考えても、これからは国土面積の70%を占める山地の酪農への活用が急務だ。無尽蔵の草資源がそこにある。山地酪農の再評価こそ日本酪農の復権につながるはずだ。

第5章
たくましき後継者たち

中洞牧場から美瑛へ
小熊章子
おぐましょうこ

山形県山形市出身／北海道美瑛町在住

　北海道の美瑛町にある株式会社美瑛ファーム（美瑛放牧酪農場）で働いて13年が経ちます。美瑛はなだらかな丘陵地帯で、その斜面に放牧地をつくり、2009年（平成21年）から通年昼夜放牧を始めました。隣接する加工プラントでバターやソフトクリーム、ヨーグルトなどの乳製品製造を行い、2020年（令和2年）からチーズの製造を開始しました。

中洞牧場での研修

　私は宮城県仙台市の普通科の高校に通っていました。大好きな牛乳について学びたいと、農学部などを調べているうちに北海道の帯広畜産大学へ行きつき、入学することができました。大学で実際にウシに触れるのが初めてで、いろいろな経験がとても新鮮でした。それと同時に、高校生まで何気なく飲んでいた牛乳の現場は、さまざまなウシの飼い方があることも知り始めました。その頃、ふとみつけた中洞さんの本『幸せな牛からおいしい牛乳』を読む機会がありました。本を読んで、ぜひ一度、牧場を訪れてみたいと思いました。電話で問い合わせ、大学3年生の夏休みに3週間ほど滞在させていただくことになりました。行ってみると牧場は想像以上の山地で、ウシは小柄ながら足腰がとても強い印象でした。野シバは丈が短く、しっかり根ざしていました。牛乳は草の香りがしっかりと感じられました。酪農のひとつの形をみることができ、とても良い研修の時間を過ごさせていただきました。

アニマルウェルフェアを学んで

　大学3年から家畜生産科学ユニットの瀬尾研究室に所属しました。家畜の行動学、アニマルウェルフェアを学びました。アニマルウェルフェア（Animal Welfare）とは、家畜にたいしてストレスをできる限り少なく、行動欲求が満たされた健康的な生活ができる飼育方法を目指す畜産の在り方で、欧州から生まれた考え方です。

　私が在学中、瀬尾研究室では、ヨーロッパにあるアニマルウェルフェアの評価基準を参考にして、日本での乳牛の飼い方についての評価基準を作る研究をしていました。私は主に、消費者に目を向け、アニマルウェルフェアに配慮された牛乳に消費者がどの程度興味を持っているか、アンケート調査を行いました。家畜の飼われ方に関心があったり、飼い方の認知度が高い消費者は、そこに付加価値を付けて、高い値段で牛乳を選択するという結果がでました。そのことから、家畜の飼われ方などをもっと一般の消費者に知ってもらう必要があると感じました。日本では、2016年（平成28年）にアニマルウェルフェア畜産協会によるアニマルウェルフェア認証ができました。家畜の飼養方法は様々ですが、差別化することにより消費者が理解して選択できる大きな一歩だと思います。

牧場の立ち上げ

　2003年（平成15年）から東京でフランスの小麦粉を輸入してバゲットを中心としたパン屋さんやブラッスリーVIRONを展開している西川隆博社長が中洞さんと出会い、北海道で牧場を開きたいという話をしていたのは私が大学4年生のころでした。自社で牧場を開き牛乳を生産し、その乳製品を使って安心安全なパンを作りたいというものでした。中洞さんが大学で講演する機会に西川社長が大学に来られていたことがきっかけで、美瑛ファームに就職させていただくことになりました。就職して間もなく、もともと畑であった場所に木の杭と電柵を貼って放牧地に。群馬県の神津牧場さんから9頭のジャージー牛を導入してスタートしました。

　美瑛ファームでは現在、放牧地面積25ha兼用地10ha採草地15haの土

地を所有し、80頭（経産牛50頭）を飼養しています。乳牛はジャージー種、ブラウンスイス種、ホルスタイン種に加えて、モンベリアード種というフランス原産のウシを日本で初めて導入しました。4〜10月は放牧地の青草を食べ、11〜3月は自社で刈り取る乾草と美瑛産のデントコーンサイレージを与えています。配合飼料は夏季に4kg、冬は6kg程度与えています。

　牛舎の管理は宇鉄健史牧場長のもと、日々の搾乳作業では衛生管理を徹底しています。ミルカーを付ける前の乳頭の清拭を2回行い、搾乳後はミルカーによる乳房炎等の伝染を防ぐため、ウシ毎にミルカーを殺菌しています。搾乳後の乳頭のケアもしっかり行い、特に冬の美瑛は真冬になるとマイナス25℃まで気温が下がりますが、搾乳後に乳頭にワセリンを塗るなどして、凍傷などを防いでいます。乳房炎は早期発見して菌種を特定し、適切な治療を行います。その成果もあり、体細胞数は平均12万、生菌数は0.1万未満と良質な牛乳の生産を行っています。

　美瑛ファームのウシたちは育成の間、傾斜地や林の中で過ごします。放牧地を駆け回りたくさん運動するため、この期間で足腰はとても丈夫に育ちます。そのおかげで経産牛でも病気が少なく、受胎率も良く、分娩間隔は平均370日と1年1産で推移しています。分娩後の体力の回復も良いです。蹄病もなく削蹄は基本的に行いませんが、巻き爪などのウシのために年に一回は削蹄師さんを呼んでケアしていただきます。

　放牧地はペレニアルライグラス、オーチャードグラス、白クローバー主体です。美瑛の土壌は灰色台地土で、とても固い土壌で排水性が良くなく、草が根付くのに時間がかかりますが、エアレーターを使って、草の根を切って空気が入るように工夫をしています。放牧に適した草地を作るのに毎年草と土壌の分析を行い、少しずつ追播して炭酸カルシウムを中心に肥料設計をしています。もともと酸性土壌であり、当初pH5.5以下であった土壌はpH6.2に改善されています。

　私は立ち上げ当初はウシの管理を担当し、そのうち乳製品の加工も手掛けるようになりました。乳製品の加工の知識と衛生管理を勉強しながら、実際の現場に落とし込んでいきました。バターは季節の特色と乳味を生かすように、特にジャージー種は他の品種のウシに比べて脂肪球が大きく、

クリーム製造を物理的な衝撃を与えないようにするために様々な改良をしていきました。牛乳本来のおいしさを作るために、ソフトミックスは砂糖のみを加えて真空状態で低温沸騰させて濃縮しています。

美瑛でチーズをつくる

　牧場の立ち上げから7年が経ったころ、次はチーズを、という構想がありながらも、美瑛ファームでどんなチーズを作るかは漠然としていてイメージが付きませんでした。西川社長が運営するVIRONでは、バゲットで作るサンドイッチにフランスのコンテチーズを使っていて、こんなチーズを作りたいよね、という話をしていました。しかし、あの味わいはどうしたら出せるのか。VIRONでは、フランスの製粉会社VIRONのレトロドールという小麦粉を輸入していて、毎年スタッフが現地視察に行っていました。そこに参加させていただき、フランシュ・コンテ地方のチーズ工房や熟成所をめぐりました。訪れた工房で研修をさせてほしいというお願いをしても断られてしまい、そんなとき地元の人からチーズの作り手を育てる学校・国立乳製品学校（ENIL）があることを教えてもらいます。ポリニー（Polygny）という場所にある学校を訪れ、外国人も受け入れをしていることを知り、入学手続きを進めることになりました。

フランスでの学生生活

　2016年（平成28年）6月、学生ビザを取得し、渡仏することができました。乳製品学校には様々なコースがありますが、中でもテロワールと呼ばれる土壌や風土を生かしたチーズを勉強する講座に入ることができました。1年のうち半年間は学校で座学の授業と製造実習を行い、残り半年は実際にチーズ工房で働くスタージュ（研修）を行うカリキュラムでした。1年目はほとんどフランス語がわからない状態でしたが、2年目になると頭にすっと入り理解できることが増えてきました。スタージュでは3か所の工房で研修することができました。中でもスイスとフランス国境付近にある工房では、夏の間のみウシを山に上げて搾乳をしてチーズを生産するアルパージュの牧場で、とてもきれいな草地が印象的でした。

フランスのチーズ文化

　農業大国であるフランスは、食文化をとても大切にする国で、農産物の地域特性を守るために、1992年にAOP（Appellation d'Origin Protegee）（原産地保護呼称）制度がつくられました。チーズに関しては45種類あります。私のいたブルゴーニュ・フランシュ・コンテ地方にはコンテチーズやモンドールをはじめ4種がありました。特にコンテチーズは年間7万トン近く生産され、フランスで最も生産量と消費量の多いAOPチーズ。コンテチーズを生産するために2500戸の牧場と150戸のチーズ工房、16か所の熟成所があり、乳量とチーズ生産量を確保する仕組みが整っています。AOPチーズとして生産される生乳は他よりも乳価が高く取り引きされ、牧場にも利益が還元されている、この地方の産業の1つとして成り立っていました。AOPの農産物にはその製法や伝統を守るための決まりがCahier des chargesと呼ばれる仕様書によってそれぞれ定められていて、コンテチーズも生産地域が特定され、ウシの放牧地面積や飼料、製造方法もこと細かに決められています。

　また地元の人々にもその食文化は根付いており、マルシェには数軒のチーズ屋があり、みんな1kg以上のチーズの塊を買っていきます。そして近所のパン屋さんのバゲットと地元の食材とチーズ、ジュラ地方のワインが普段の食事で、その食文化にとても愛着を持っているのも感じられました。

　日本人は豆腐や納豆などの大豆製品からタンパク質を摂取するのに対し、ヨーロッパでは乳製品で栄養を取るという点で大きく異なります。日本でも食文化は多様化し、チーズの消費量は増えてきていますが、それでもヨーロッパの一人当たりの年間消費量がフランス27.2kg、オランダ21.6kg、イタリア21.5kgに比べて日本は2.2kgであり、食文化の違いが明白です。

チーズ工房の立ち上げ

　2018年に帰国し、それからチーズ工房の6次産業化の補助事業を利用した申請準備に取り掛かりました。設計と建築は当初美瑛ファームを立ち上げたときと同じ方々に設計と建築を依頼し、打合せを重ねました。殺菌タ

ンクと製造ラインは大和ステンレス工業さん、チーズバットやプレス機などはチーズ学校で使用していたフランスのシャロンメガ社から取り寄せました。申請書類の作成には美瑛町役場や上川総合振興局の方などにとても丁寧に対応いただき、様々な方にサポートやアドバイスをいただきながら、2020年3月に完成しました。

銅製の1000Lのチーズバットでは、コンテチーズの製法で作るハードタイプ、フロマージュ・ド・美瑛と、セミハードタイプのラクレットを製造しています。フロマージュ・ド・美瑛は直径60cm、40kgの大きなもので、800Lの生乳から2玉作ります。乳酸菌も様々組み合わせ、製造工程と熟成の間に発酵が進みます。美瑛の丘を利用して作った半地下の熟成庫で、美瑛のトドマツの木板の上でゆっくりと変化していきます。熟成期間は6カ月から36カ月、それ以上と様々です。若いうちはフレッシュ感があり、徐々にナッツのような風味を感じられます。18カ月以上になると、チロシンによるアミノ酸の結晶が見られ、よりコクがあるように、味わいの変化も楽しむことができるのがハードタイプの魅力だと思います。

チーズ製造を稼働してもうすぐ2年が経ちますが、牛が健康であるのと、搾乳での衛生管理が徹底されているため、とにかく生乳の質の良さを実感しています。冬場はデントコーンサイレージを与えておりますが、美瑛町で丁寧に作られたサイレージは酪酸菌による熟成中の異常発酵もありません。そんな恵まれた環境と生乳に感謝しながら、季節によって成分が大きく変化する生乳を日々追いかけています。今はまだ、その季節に適した製造工程を見つける頃には次の季節が来る感覚ですが、よりおいしく安定した製品が作れるように努めています。

これからのこと

中洞牧場にはじめてお邪魔してからもう15年が経ち、今日までたくさんの経験をさせていただきました。ウシを育てることや放牧地をつくること、乳製品づくりも含めて、時間を要する仕事であり、それが農業なのかなと感じるようになりました。その時間の長さを感じながらも日々のひとつずつ、数年単位でみたときに進化しているような仕事をしていたいです。

またこの事業を通じて様々な方々と出会うことができ、そのご縁で進めてこられることに感謝しています。いろんな方にいただいた恩恵を、いつかどなたかのために役に立てるよう、私なりに力を溜めていたいと思います。

2022年2月記

中洞牧場と牛と私
松本順子
39歳／神奈川県横須賀市出身／岩手県盛岡市在住

　私は現在岩手県盛岡市で放牧の酪農をしています。1町歩もない広さで搾乳牛3〜5頭の超小規模酪農家です。6年前に新規就農をし、ホルスタイン種とジャージー種による365日昼夜完全放牧を実施していますが牧場内にまだ野シバは少なく、全体に野シバの広がる放牧場になることを夢見ています。

　できるだけ機械などは使わず、牛と協力して続けていくことを目標にしています。牛ができることは牛がやる、なので私は自分の牧場の牛たちを共同作業者だと思っています。ただしボスは私です。ちゃんと草を食べない牛には「働け!」と一喝します。牛が好きというよりも「草をたくさん食べている牛が好き」な私は放牧でなければ酪農をやりたくないのです。

　酪農は家業を継ぐものと思っていた非農家の私が今就農をしているのは、中洞牧場に行って山地酪農を知ったことが大きなきっかけでした。

中洞牧場での思い出

　私が中洞牧場に初めて訪問したのは2009年（平成21年）5月でこれから放牧地の野シバが青くなる時期でした。

　きっかけは中洞さんの著書『幸せな牛からおいしい牛乳』を古本屋で偶然見つけたことでした。もともと動物好きで動物に関わった仕事がしたいと思っていたので本を読んですぐに牧場を見に行きたいと中洞さんに電話

をして研修に行くことを決めました。以前舎飼いの牧場で研修をしたことがあり、そこで感じた疑問が中洞牧場に行けばスッキリするのではないかと思ったからです。

　牧場では3人の先輩スタッフに作業内容と山での暮らし方を教えてもらいました。搾乳前に牛舎まで誘導する牛追い作業では棒を持って行くこと、自然分娩はそっと見守ること、生まれた子牛は茂みに隠してしまうので母牛の後を追って探すこと、自然哺乳の子牛の離乳の仕方、山菜や木の実の採れる場所や食べ方、牛乳を使った料理やバターの作り方なども牧場に来て初めて知りました。

　牧場に行った頃はまだ山の魅力も野シバの凄さも理解していなくて、ただ山でたくましく生きている牛たちを眺めていました。中洞牧場で生まれ育った牛たちを私たちは「中洞牛」と呼んでいるのですが、彼女たちは牧場の山をよく知っていています。迷子になっている新人スタッフを牛舎まで連れて帰って来てくれます。私も初めのころは何度か迷い徘徊し山で出会った牛の後を追っかけて行きました。

　牛から教わることも多く、牛道を歩くと楽に歩れること、種牛の行動で発情牛を発見すること、乾草を食べなくなったら青草が出てきていること、夏場の涼しい所、牛たちはバラ線の傷んでいる所から簡単に脱柵できること。

名前と牛

　中洞牛たちには皆愛称がついていてまずはそれを覚えることが一番難しい仕事です。歴代のスタッフたちがつけた名前には思い入れがあったり、なかなか決まらず母牛に似た名前になったりと様々な背景があります。名付けをすることで個体識別がしやすくなるだけでなく、牛の性格の違いに気付けたりますます愛情を感じたりします。牛自身も自分の名前と認識してくれるので遠くから呼んでも振り返って気が向いたら駆け寄ってくれます。

　私の牧場でも生まれた子牛にはすぐに名付けて何度も呼びかけます。哺乳やエサの時に声掛けと一緒に名前を呼ぶと早く覚えてくれます。叱る時も悪さをした牛の名前を呼べばその牛だけがそそくさと逃げていきます。

私が中洞牧場で働いていた頃の牛を数頭紹介します。中洞牛たちには厳しい上下関係があり、一番強い母牛は「ボス」と呼ばれていました。群れは「ボス」を筆頭に順列を守って暮らしています。「ボス」は小柄な黒白の牛なのですが強すぎて半径2m以内に他の牛たちは近づけません。群れの一番後ろで全体を見守っている姿が印象的でした。搾乳の時、牛舎に6頭を順番に入れて搾っていたのですがボスは必ず最初に入ってきて必ず入口から3番目の定位置に入ります。搾乳時、機嫌が悪いと横蹴り、回し蹴りが飛んでくるので人もなかなか近づけない恐い牛でしたが牧場の牛を統率していたところはただただ尊敬していました。

　私のお気に入りの牛は「ハル」と呼ばれていた真っ黒で耳の大きな牛です。人に厳しく牛たちには優しい牛で群れのナンバー2でした。寒くなると足が痛むらしく牛舎まで戻らず山に留まります。ですが必ず1日1回は牛舎まで顔を見せに帰って来てくれるので「ハル」の判断に任せていました。

　一番体の大きな「デブ」と呼ばれた牛は搾乳中エサがないとおとなしく搾らせてくれませんでした。男4人がかりで抑えても抑えられない程元気な牛で、巨体なのに1.5mほどの高さのバラ線を助走なしで飛び越えたことには驚きました。

　足にＹの字模様がある「Ｙ子（ワイコ）」は人が好きでカメラを向けるとしっかりカメラ目線、腹の模様が北海道の形に見えるから「北海道」、耳標の数字が19なので「19（ジューク）」、「19」の娘は「ハタチ」。「ミッキー」という母牛の息子が「ドナルド」という名の牛もいました。スタッフの好きな女優の名前を付けてみたり、子牛が生まれた時に来ていた研修生が名付け親になったりして楽しんでいました。

牧場改造

　私が中洞牧場にいた頃は改造期（変革期）でした。まだプラントや研修棟などの大きな建物はなく、中洞一家が暮らしていた家にスタッフや研修生が一緒に寝泊まりしていました。作業は皆で一緒に電気牧柵を牧場一周に設置したり、土木工事で重機を操ったり、炭焼きを窯作りからやったり、ミツバチを飼って蜂蜜を採ったり、プラントの配管工事をやったり、地元

のベテランの先生に教わりながら酪農以外のことも学びました。大変なことばかりでしたが普段はできないことを経験できて凄く濃い時間を過ごせました。夜は毎晩のように飲み会で1日の疲れを癒してスタッフ、研修生、お客さんの仲を深めていきました。

　この頃の話を現在中洞牧場にいるスタッフにするとうらやましがられます。私は本当に良い時期に中洞牧場にいられたと思います。

災害と牛

　私が中洞牧場にいた頃は実に様々な体験をしましたが、災害もありました。岩手の山の中、雪が降るのは当たり前なのですが2010年（平成22年）の暮れは忘れることのできない大雪でした。牧場のスタッフは順番に年末年始の休みを取っていたので私は大晦日31日の午後から休み、親戚の家で紅白歌合戦を見ることを楽しみに仕事をしていました。

　ところが30日から降り続いた雪はどんどん降り積もり、建物の一階が埋まり、牛舎前にあった車の姿は見えずその車の屋根の上を歩いて移動するほどになってしまいました。牛舎に入るためには穴を掘って入りました。その時に牧場にいたのは中洞さんを含む4名のスタッフと研修に来ていた大学生1名の計5名でした。朝から中洞さんはトラクターで除雪をし続けいましたがトラクターの走る位置はどんどん高くなっていきました。停電が発生し搾乳は手搾り、湯は薪ストーブの上に鍋をのせて沸かしました。

　牛たちは牛舎の横で団子になってグルグル動き回っていました。止まれば雪で埋もれてしまうことが分かっているのでしょう。中洞牧場で生まれ育った牛たちはその大雪にも負けずにいたのですが、他所から入って来た牛は群れから外れ雪に埋もれて動けなくなる牛もいました。

　母牛と一緒にいた子牛は大事をとって牛舎に避難させましたが1頭だけ捕まえられなかった子牛は雪の上を飛んで逃げていきました。たくましく元気に過ごしていた子牛に私は圧倒されました。

　牛舎から少し離れた道路沿いの下の放牧場までは5人で列になって雪を漕いで草を背負って歩いて行きエサやりをしました。年明けて2日の夜に放牧場前の道路まで除雪が来て停電が解消した時は5人で安堵しました。

ですがそのすぐあとに下の放牧場の全頭が下の集落まで逃げ出していると電話がきて慌てました。

　その大雪の約2カ月後に東日本大震災の地震が起こりました。大雪の時の停電を教訓に発電機を用意していたので搾乳などは問題ないと思ったのですが本番になると慌ててしまって上手に接続できず、常に訓練は必要だと感じました。

　地震の起こる直前に私は事務所の本棚整理をしていました。当時の事務所は牛舎のすぐ横にあり山から帰ってきた牛たちを見ながら作業していました。大きな揺れが起こると牛は猛ダッシュして山へ牛舎へと走り出しました。特に離乳のために子牛と引き離された母牛は子牛のいる牛舎と山とを叫びながら何度も駆け回っていました。子牛の無事を確認したい母牛の必死さが伝わってきました。あの大きな揺れは牛たちにも危険を感じさせるものだと知りました。

　その後私は地震が起きる時は近くにいる牛や猫を見るようにしています。気にせず草を食べたり寝ていたら大丈夫かな？　と動物の感覚を信じています。

　この大雪や地震の経験が新規就農をする大きなきっかけになりました。これ以上何が起きても乗り越えられそうな気になっています。酪農をやる自信と続ける覚悟はこの時中洞牧場にいなければ備わらなかったと思います。

酪農を始めて、これから

　自分で酪農をやるようになって知ったこと、気付いたことが様々ありました。牛は意外とサボり魔だと思います。中洞牧場の牛しか見ていなかった頃は牛は青草があれば当たり前に山へ行くのだと思っていたのですが、牛舎でエサや乾草をやると山へ行かず牛舎のそばで鳴いてばかりいます。人が何でもやってくれると覚えて動かなくなります。私が酪農を始めた時は放牧が初めての牛も一緒に飼ったのですが、放牧場で何をしていいのか分からずウロウロしては叫んで怒っていました。気になって何度か乾草をやっていたのですが一向に青草を食べることを覚えません。そこで私の方

も「我慢」をすることにしました。すると中洞牧場で生まれ育った牛たちを見て真似をするようになりました。腹いっぱいに食べるようにはなかなかなりませんが鳴いて人を呼ぶことはなくなりました。

　放牧をしている牛たちは体だけでなく頭も使って生きています。より多くの草を食べるために自分の能力をフル活用します。立場の弱い牛は強い牛に草を取られないように走って先回りして少しでも多く食べようとします。ここで人が手出しをするといつも助けてくれると思い頑張らなくなることを知りました。

　酪農は牛と人とでやっているようですが他の生き物とも協力しています。以前私の牧場でコオロギが大量発生した年がありました。牛たちが食べる草に殺虫剤をまくわけにもいかず見つけ次第1匹1匹捕まえていましたが減ることもなく、翌年も同じように大量発生してしまいました。放牧場の草が減り、真夏に青草がない状態でした。しかしこの年は朝方にカラスが放牧場に多く集まっていましたので様子をみることにしました。そのおかげかその翌年にはコオロギの数が減り、カラスに感謝しました。

　他にも山に張った電気牧柵の線がたくさん切り刻まれていたことがありましたが、その犯人は植物のつるを自分の通り道に邪魔だったため切っていたアナグマ（？）のようです。常に生活圏内を見回り、山の管理をしてくれていました。むしろ邪魔していたのは私の方でした。

　動物たちは自然環境に合わせて生きています。私も無理なく邪魔をせず自然環境や野生動物に合わせた持続可能な酪農を行っていきたいと思います。

　もともと非農家出身の私ですが今は酪農家になって良かったと心から思えます。子供のころは動物園の飼育員さんや賢かったら獣医さんになりたいなどと思っていた時期もありましたが、野菜農家や林業も含め土と植物に関われる仕事が一番やりがいを感じられると気付けました。日記に書くことのないくらい変わり映えのしない毎日を送れることが幸せなんだな、と思いつつ今日も牛を追っかけてます。　　　　　　　　　　2022年2月記

中洞イズムの継承
花坂　薫
<ruby>花<rt>はな</rt></ruby><ruby>坂<rt>さか</rt></ruby>　<ruby>薫<rt>かおる</rt></ruby>

神奈川県相模原市出身／神奈川県足柄上郡山北町にて実践中

「薫の牧場」ホームページ URL:https://kaorunofarm.com/
オンラインストア :https://kaoruno-store.com/

中洞牧場でのこと

　山地酪農との出会いは、中洞正の著書「黒い牛乳」だった。大学3年生の秋、友人が「おもしろい本を見つけた」と言って大学の図書館から借りてきたのが、その本だ。

　その本から日本の酪農の現状と山地酪農の存在を知り、衝撃を受けた。「生乳は、広い草原にのびのびと放牧された牛から搾られる」のが当たり前と思っていた私は、日本中の乳牛や酪農家さんがいかにして暮らしているのかを、その本を読んで初めて知った。同時に、実際に山地酪農というものを見てみたいと考え、早速研修を申し込んだ。

　2010年12月末、初めて訪ねた中洞牧場には雪が積もっていて、その中を牛が歩いていた。ここに来るまで、牛は観光牧場でしか見たことがなく、もちろん触ったこともなかった。

　山地酪農の牛は、牛舎で飼われる牛より身体が小柄だというが、それでも私にとってはとても大きく感じた。人間より圧倒的に力の強いこの生き物を自在に操る中洞さんやスタッフの方たちを、心から尊敬し、きっと私にはできないことだと思った。

　スタッフの方は全員、将来は山地酪農家としての独立を志しており、そうして山地酪農が全国に広がることを、中洞さんも望んでいた。「薫ちゃんはもう、牧場スタッフの一員だね」と言っていただいたことが嬉しく、中洞牧場への就職と、山地酪農家としての生きる道を考えるきっかけとなった。

　その後も何度か研修を申し込んで足を運び、雪のない中洞牧場も経験した。中洞牧場長が著書に書いていた「牛の力を借りた山作り」というものを実際に見て、山地酪農の魅力はここにあると感じた。牛が自由に山を歩

いて乳を出し、美味しい乳製品を作ることももちろん大切であるが、全ての動植物に必要な水と空気を生み出す山を、牛の力を借りて守り、災害にも強く美しい景観を作るという壮大な役目を担う素晴らしい仕事だと思う。もともと乳業会社に就職して美味しい乳製品作りがしたいと考えていたが、それだけでなく、私たちにとってもっと大切な山作りと併せて仕事にしたいと考え、山地酪農家を目指すことを決めた。

　大学を卒業後、2012年（平成24年）4月から中洞牧場で働かせていただくこととなった。就職してすぐは、乳製品製造担当として牛乳や飲むヨーグルト、ソフトクリームミックス、カップアイス、バターなどひと通りの製造や製品検査の仕方などを教わった。大学で乳製品製造学の講義や実習を受けてはいたが、実際に目の前の牛から搾られた生乳を扱い、出荷までの全工程に仕事として関わるとなると、全く別の次元のことだった。自分が製造した製品が出荷され、お客様の手元に届くと考えると身が引き締まり、大きなやりがいを感じた。

　その中で、牛のことをもっと知りたい、経験したいという思いも強く、就職して1年弱経ったころから飼養班を担当させていただいたが、高校や大学で畜産を学んでいたわけでなく、知識も経験もほとんどゼロの状態であった。研修生だったころに比べ、新たに覚えることや考えることも増え、責任も大きい。

　牛のことをよくわかっていそうな先輩スタッフでも、「何年やっても牛の全てがわかるわけではない。だけど面白い」と言っていたが、どんなに経験を積んでもそう感じるほど奥の深い世界で、本当に独立してやっていけるのだろうかと悩んだ頃もあった。牛の飼養担当を半年程経験させていただいた後、再び乳製品製造担当に戻った。

　1年と経たないうちに、工場長を任されることとなった。出荷や製造計画の調整等も含め、製造に関わる全てのことを経験させていただいたことは、とても貴重であった。通常は朝6時に勤務開始だが、製造予定の都合で朝3時に出勤することもあり、それが楽しいと感じていた。どんなに遅くまで働いていても苦ではなく、将来のためになることを勉強しながら働けて、お給料までいただいて、逆にお金を払って学ばせてもらうべきなの

ではと考える程であった。工場長がそんな人間だと、一緒に働くスタッフ達の中には「休憩しづらい」、「早く帰りたいのに帰りづらい」という人もいると指摘を受け、反省したこともある。一人で働いているなら良いのかもしれないが、周りを見ながら働くという考えが足りておらず、上に立つ人間としての働き方を知る経験にもなった。

　年を重ねる度に、先輩や同期のスタッフ達が、独立のために中洞牧場を出ていった。就職したての頃は、3年ぐらい働いたら独立したいと思っていたが、一度工場長を任された後は「自分の代わりはいない」と感じるようになり、独立のために中洞牧場を出ることは難しいと考えるようになった。この頃に一度、「お前、中洞になれ」と中洞さんから言われたことがある。将来の中洞牧場を継いでくれという意味で、そう言ってもらえることはとても嬉しかった。しかし、私は自分で山地酪農がやりたくてここに来たのだ。中洞さんはよく「一人でも、数頭の牛を飼ってソフトクリームを作って売ればそこそこの収入で続けていくことができる。牛に手がかからない分、山仕事ができる。中洞牧場を出た人間が全国に散らばって、山地酪農を広めてほしい。お前らは革命の志士だ」と話していたが、実際に中洞牧場を出てそれを個人で実現している人がまだいなかった（企業の力を借りて形になった牧場はあったが）。私より知識や技術や熱意のある先輩たちが実現していないというのは一体どれだけ難しいことなのだろうとも考えたが、それでも私はその道に挑戦したいと思っていた。私ぐらいの人間でもできることが示せたら、もっと山地酪農家として独立することのハードルは下がるのではないかと考えた。それを中洞さんに伝え、「じゃあ頑張れ、応援する」と言ってもらった。中洞牧場を出る時期も決めた。

　中洞牧場を出る前に、1カ月程度研修生として牛の仕事がしたいと言うと、それも叶えてもらった。あまりに牛に関する経験が乏しい私には、とてもありがたかった。

　中洞牧場を出る10日程前の2016年（平成28年）8月30日。過去に例のない複雑な動きをして岩手県大船渡市付近に上陸した台風10号により、岩泉町や隣の田野畑村等で川が氾濫し、死者、行方不明者、関連死を合わせて県内で29人が犠牲となる痛ましい被害が出た。中洞牧場の周辺地区

も、豪雨による濁流で道路が削られて崩落し、孤立状態となった。約1週間停電が続き、その間は大型の発電機で最低限の搾乳や製造等にかかる電気を賄っていたが、必要な燃料や食料品等を買いたくても、お店のある町の中心部（牧場から約20km）へ繋がる道は何か所も崩れて車は通行できなくなっていた。100m近くにわたって、アスファルトの舗装路が完全に川に削られ飲み込まれた場所もあった。

　中洞さんがバックホーでその道を修復したり、地域の方々が協力してくださり、1週間ほどでなんとか車1台が通れる幅が確保され、町へ下りることができるようになった。車が通れない間、発電等に必要な燃料を人力で運んだ。20Lのタンクを両手に持ち、牧場スタッフと研修生とで何往復もした。中洞牧場の放牧地内でも、大きく斜面が崩れてしまった所もあったが、野シバで覆われた場所は崩れておらず、その根がしっかり地面を掴まえて土砂崩れを防いでいた。

　この台風の被害から、少しずつ日常を取り戻そうとしている中、私の退職する日が近づいていた。もうしばらく、落ち着くまでの間は私も残ってできることをやるべきじゃないかと感じてリーダーの牧原享さんに申し出たが、「何が何でも送り出してやるから心配するな」と言われた。大変な状況の中、牧場スタッフみんなで準備を進め、送別会を開いてくれた。こうして背中を押してくれる人達がいることを本当にありがたく思い、山地酪農を実践し広めていくという使命を果たさなくてはと、あらためて強く感じた。

独立後のこと

　2016年（平成28年）9月末、私は4年半勤めた中洞牧場を退職し、神奈川県足柄上郡山北町へ移住した。山北町にある大野山（標高723m）には、同年3月まで県営の乳牛育成牧場があった。それまで約50年続いた県営牧場は、酪農家の減少により閉鎖されることとなり、その跡地の一部である山北町共和財産区所有の土地利用について、山北町共和地区の住民から中洞さんへ相談が持ち掛けられたのが、2015年（平成27年）夏のことである。ちょうど私自身も、独立に向けて土地を探していたころで、実家と同じ

神奈川県内ということもあり、視察に行く中洞さんに同行させてもらった。

　傾斜は中洞牧場よりも急峻で、湧き水等の水源がなく、水道を引くにも困難で、牛の飲み水の確保の問題もあったが、これだけ広い面積の土地は、首都圏ではなかなか見つからない。土地は山北町共和財産区の所有であるため、購入はできず借りることにはなるが、この共和地区の住民の数名がすでに中洞さんの著書を読んで山地酪農について理解してくださっていた。初めて行った日はあいにく霧がかかり、周辺はほとんど見えなかったが、その後も何度か現地を訪ね、晴れた日には気持ちの良い景色も楽しむことができた。共和地区の方々ともお話をする中で、「本気で山地酪農をやりに来るなら応援するぞ」と言っていただき、ここで牛を飼いたいという思いが強くなり、移住を決めた。

　とは言え、正式に土地をお借りするには共和地区の方々の総意がなければ難しく、「一人でも反対意見があれば貸すことはできない」とのことだった。移住してからはまず地域の集まり（集会や、道の清掃や草刈等）に積極的に参加して顔を覚えていただき、地域に住む方々のことを理解しようと努めた。半年後、住民の方々への説明会の場を設けていただき、土地を貸す方向で話を進めていただくこととなった。

　次は資金の準備である。借金をするということに抵抗のあった私は、自身の貯蓄（約400万円）の範囲内でなんとか始められないものかと考えていたが、搾乳機、搾った生乳を殺菌する機械、放牧地を囲う柵の他にも必要なものがいくつもあり、中古品を譲っていただく等どう切り詰めて計算しても、1,000〜1,500万円程度はかかる見込みであった。その金額が貯まるまで待っていたらスタートが遅くなってしまう。

　結果的に、日本政策公庫の青年等就農資金（認定新規就農者、最大3,700万円、5年据置、12年償還、無利子、無担保、無保証人）を利用して、1,630万円を借りた。こんなに大きな額の借金をするのは初めてなので、きちんと返済できるか不安もあったが、「やってみるしかない、駄目だったら山地酪農はあきらめて働いて返そう」と思っていた。この借入れの条件として、就農する市町村から認定新規就農者の認定が必要であるが、神奈川県の畜産技術センターや農業アカデミーの方に助言をいただきながら何度も

修正を重ねて就農計画を作成し、2018年（平成30年）4月に認定を取得した。作成した収支計画は15年分。搾乳量の少ない山地酪農で、安定した収入を確保できるのか、付加価値のある牛乳として高い値段設定をしても売れる保証はあるのか、そもそも私自身に牛を飼っていく技術があるのか等、時間をかけて納得してもらった。認定取得のための相談は、中洞牧場を出る前から開始しており、約2年程かかった。

　それにはもう一つ理由があった。搾乳小屋の建築許可取得に時間がかかったのだ。最初は、小屋も不要と考えていた。移動式のバケットミルカーを用いて屋外で搾乳すれば、小屋に資金をかけなくて済むという理由だが、年間の3分の1は雨が降る（大雨や台風もある）日本で、強い風の吹き抜ける山の斜面で、衛生的に搾乳ができるかというと現実的ではないし、搾りたて（35℃前後）で菌が繁殖しやすい生乳をすぐに冷やすためのバルククーラーを置く場所、搾乳機を洗う場所、搾乳時に牛に与えるおやつを保管しておく場所は、きちんと確保しておくべきだと考え直し、64㎡の小屋を建てることにした。この建築許可が下りないと就農計画は成り立たない。建築許可を申請してから許可が下りるまで5カ月程度で済む見込みで、2018年3～4月頃に牛を迎えたいと考えていたが、実際には8カ月かかった。道路交通法上の道に接していない場所に建物を建てるため、万が一災害が起きた場合に安全の確保や避難ができるかどうか、消防車等の緊急車両が来ることができるのか、審議を重ねる必要があるという理由で決定が3カ月先延ばしになったが、なんとか許可が下りた。

　これを受けて就農計画が現実的なものとして認められ、資金の借入れ手続きも進められるようになった。実際に借入金が口座に入ったのは、牛を迎える数日前だったので、そこまでの準備資金としてある程度の貯蓄があったのは幸いだった。牛を迎える予定を2018年6月に決め、連れてくる牛を選びに中洞牧場へ行った。許可の下りた小屋の建築は、地元の大工さんにお願いした。できる限り地域の木を使いたいと相談したところ、外材を使った方が手間もお金も少なく済むと言われたが、半分は地域から伐り出した杉を使ってもらった。

山北町に移住してから1年9カ月が経った2018年6月、中洞牧場から5頭（経産牛4頭、育成牛1頭）のジャージー牛を迎え、「薫る野牧場」としてスタートした。岩手からやってきた5頭にとって、神奈川の夏は身体に応えるのではないかと心配な面もあったが、大きな体調不良等もなく乗り越えてくれた。県営育成牧場だった時代にも、同じ場所で放牧はされていたが、野草はあまり食べず、乾草を給与していたと聞いていたが、中洞牧場から来た牛たちは、山の草をよく食べてくれた。5年近く牛が入らなくなった土地は草が伸びきっていて、2mの背丈を超えるカヤの大群が斜面を覆っていたが、少しずつきれいになっていった。

　搾った生乳はソフトクリームミックスに加工して1kgあたり税込1,080円という一般的にはとても高い価格設定をしたが、山地酪農を理解してくださる山北町内のカフェや、鎌倉市のジェラート店、都内のカフェで扱っていただき、収入を得ることができた。製造室は、数年前まで地元の方々が登山客に軽食や飲み物を販売する商店として使っていた建物を借りて改装した。中洞牧場の製造設備に比べれば、必要最低限の機能しかないが、うちのような数頭搾乳規模にはちょうど良いぐらいの規模だ。生乳などの原料を加熱殺菌する機械は新品で500万円を超えるが、那須の森林ノ牧場から中古品を安価で譲っていただいた。森林ノ牧場は中洞さんがコンサルタントに入った牧場のひとつで、現社長の山川将弘さんも中洞牧場で働いていた先輩である。就農計画の作成等、準備段階から本当にいろいろとお世話になり、今でも週に1度、生乳の成分分析値から牛の栄養状態を予想し、搾乳時に与えるおやつの量を決めるのに助言をいただいている。

　牛を迎えて半年が過ぎ、2019年を迎えて数日経ったばかりのある朝、いつものように搾乳小屋に集まって来るはずの牛が1頭足りないことに気づいた。放牧地を見に行ってみると、倒れてすでに冷たくなっていた。翌月に出産を控えた経産牛で、なぜこうなってしまったのか、わからなかった。獣医師にも診てもらったがはっきりとした原因がわからず、「何らかの理由で心臓が止まってしまったとしか言えない」とのことだった。前日の夕方に小屋へ帰って来た時には特に異常がなかったように感じていたが、何もないのに翌朝亡くなっているはずはない。私の見る目が甘かっただけ

で、牛自身は何か不調を抱えていたのかもしれないと思うと、本当に申し訳ないことをしてしまった。今でも忘れられない。何事もなく半年が過ぎたことに、どこかで気の緩みが出てしまっていたのかもしれない。

　それから毎日、牛たちの少しの変化も見逃さないよう時間をかけて観察するようになった。ただ、1カ月半後に初産を控えた牛がいたが、中洞牧場でも安産の牛ばかり見ていた私は、そろそろお産が近いなと思いながらも、特に心配はしていなかった。ある朝、この牛の産道から子牛の足が見えていることに気づき、いよいよだと思ったが、なかなかその先が出てこない。獣医師に電話で相談し、産道に手を入れてみると、子牛の頭がねじれて後ろに曲がり、うまく出て来られないようだった。頭を起こして産道に持ってこられれば良いのだが、何度やってもうまくいかない。獣医師が到着して試みるも、あと少しの所で子牛の頭を捕まえることができない。子牛の生存は諦めて母牛だけでも助ける方法として、産道内で子牛を切断してでも外に出すという方法が獣医師から提案され試みたが、それもうまくいかず、その日の日没前に母牛も力尽きてしまった。出産中の事故は私にとっても初めてのことであったが、「山地酪農の牛は放っておいても自分で出産してくれるから安心」と思い、ただ牛任せにしていたことを恥じた。いくら山地酪農の牛に安産が多いと言っても、子牛の頭がねじれてしまうことは数％の確率でどの牛にも起こりうることであると、後から本で読んで知った。出産の間、子牛がどのようにして外の世界へ出てくるのかということからあらためて勉強し直し、出産以外にも牛に関する基本的な知識を学ぶために専門書をいくつも買って読んだ。

　独立して1年も経たないうちに、中洞牧場から来た牛5頭のうち2頭を亡くしてしまい、かなり落ち込んだ。中洞さんや、当時の飼養班リーダーの牧原さんには、その度に助言をもらった。「放牧をしていると、少なからず事故は起こる。中には原因がわからないこともあるが、二度と同じことで牛を亡くさないように注意することと、落ち込んでばかりで周りが見えなくなって、残った牛たちに目が行き届かなくなることだけは気をつけろ」と言われたことは、いつも心に刻んでいる。

　お産の事故から9カ月たった11月末、冷たい雨の降る朝だった。当時

薫る野牧場の最年長（7歳）だった牛が、放牧地の電気柵の外の急斜面から高さ60〜70mを滑落して亡くなった。人懐こく、特にかわいがっていた牛だった。発見した時にはまだ息はあったが、人間でも両手足を使って何とかよじ登る崖のような斜面で、とても牛が自力で歩いて戻れるような場所ではなかった。わずかな窪みで後ろ脚が土に埋まってとどまっていたが、後ろ脚を掘り起こした後にもがき、さらに下へ落ちてしまった。獣医師にも確認してもらったがお尻の骨が折れていて、ウィンチか何かで引っ張り上げたとしても回復は難しいとの判断で、助けることができなかった。放牧地を囲う電気柵に不具合はなかったが、それまで群れのリーダーだったその牛に対し、2番手の牛が時々力比べを挑むようになっていて、おそらく夜の間に柵の近くで力比べをした際に2番手の牛に負けて外へ出てしまい、半ばパニックのような状況で急斜面を落ちてしまったのではないかと考えている。

　悲しい事故の紹介が続いてしまったが、これから山地酪農を実践していく方々にとって少しでも参考になれば幸いである。放牧する土地によって条件は様々で、こういったことが続くことはあまりないかもしれないし、起こらないのが一番だ。万が一起きてしまった場合、対処の仕方やその後の改善点等を相談できる人がいると、気の持ち方がだいぶ違ってくる。ショックのあまり、他の牛に目が行き届かなくなってしまうと、負の連鎖が続いてしまうという。また、あらかじめ家畜共済に加入していると、死亡してしまった牛の月齢に応じて共済金を受け取ることができるため、できれば加入をおすすめしておきたい。

　独立して半年後からの1年の間に、中洞牧場から来た5頭のうち3頭を亡くしてしまったが、それ以降は事故なく過ごしている。薫る野牧場で生まれた牛も成長して出産し、搾乳牛として活躍する等、2022年2月現在、搾乳牛3頭、育成牛5頭の計8頭の牛がいる。

　薫る野牧場のある大野山周辺は、富士山が近いため火山噴出物の影響で「スコリア」と呼ばれるさらさらした土壌が多い。大雨が降るとすぐに流れてしまうため、これまでにも大きな土砂災害があったと聞く。野シバの

力でスコリアの崩れを防いでいきたいところであるが、中洞牧場とは気候
も地質も違うため、うまくいくかどうか様子を見ていきたいと考えている。
敷地内には一部、元から自生していた野シバが生えている場所もあるが、
多くはチカラシバという草に覆われている。チカラシバは、「シバ」とい
う名前こそ付いてはいるが、野シバとは違い株ごとに成長して、草丈は
50〜60cm程にもなる。根は20cm程で、それなりに地面を捕まえてはい
るが、土砂崩れを防ぐ程の力はない。伸びすぎると野シバの成長を阻害し
てしまう背丈になるため、牛たちには積極的に食べてもらっている。2018
年にスタートしてから、野シバの種を蒔いたり苗を植えたりして、少しず
つ根付いた箇所を増やしているが、放牧地全体を覆うにはやはり長い年数
がかかるのだろう。

　山地酪農を生業にしていくにあたって、牛が健康で、山を作り、ある程
度の生乳を搾るだけでは、収入は得られない。当たり前だが、それを無駄
なく継続的に販売していく必要がある。薫る野牧場では、搾った生乳は全
量ソフトクリームミックスに加工し、カフェや飲食店向けの業務用に出荷
してきた。取り扱い店それぞれで、ソフトクリームとして提供する以外に
オリジナルジェラートへ再加工したり、飲食店のメニューに使用しても
らったりと、使い方はお任せするため、自身で店舗を構えてソフトクリー
ムを販売するよりも、多くのお客様に様々な楽しみ方をしていただける。
もちろん、お店の方も山地酪農のことを理解し、商品の提供と共にお客様
に伝えていただけることが本当にありがたいと思う。
　搾乳牛2〜3頭、日量10〜15kg程度の生産量で、それに見合うだけの
収入が確保できていると感じていたが、2020年（令和2年）2月以降の新
型コロナウイルスの感染拡大により状況は一変した。ソフトクリームは、
そもそも直接お店へ足を運んでいただかなければ提供することができず、
外出自粛の影響を大きく受けた。飲食店への休業要請が出され、取引先の
ほとんどが営業を休止することとなり、ソフトクリームミックスの出荷先
が激減した。幸い、ソフトクリームミックスは冷凍で1年間の保存が可能
であるため、冷凍庫に入る限りは凌ぐことができたが、そのうちに限界が

見えてきた。

　そんな中、取引先であるフレンチレストランのオーナーから「余剰在庫があるなら、知り合いのアイスクリーム店に加工を依頼して、クラウドファンディングをしてみませんか」と提案をいただいた。ソフトクリームミックスのままでは、個人消費者に購入してもらうことは難しいが、アイスクリームに加工すれば気軽に楽しんでもらうことができる。薫る野牧場の製造設備ではそこまでできないため、ありがたくお願いすることにした。結果的に約700 kg もの在庫を引き受けていただき、その分の収入も確保することができ、感謝の気持ちで一杯である。

　これを機に、個人消費者向けに販売することのできる体制を整える必要があると感じ、飲用牛乳の製造許可取得を目指すことにした。それまでは、一つの製造室につき一品目の製造しか認められておらず、新たに部屋を増設する必要があるため実現が難しかった。

　それが2020年に食品衛生法が改正され、同じ製造室で複数の許可を取得することが可能になり、2020年12月より、飲用牛乳（500ml、180mlプラボトル容器）の販売を開始した。山北町内や近隣の小売店に置いていただくとともに、共和地区内の個人宅への配達を週1回行うこととし、それまでソフトクリームに加工した味しか知っていただけていなかったお客様に、山地酪農の牛乳そのものを知っていただくことができるようになった。同時にオンラインストアを開設し、定期購入のお客様も増えている。

　牧場の仕事は、青色専従者の夫と、アルバイトとして20代の女の子に手伝ってもらっている。2人とも牛の仕事は経験がなかったが、搾乳の仕方から製造に関わる作業も覚えてもらい、おかげで私も適度に休む時間を作ることができている。人件費を払う責任も発生するため、それだけの金銭的な余力ができるか最初は不安だったが、多少遠出が必要な時に搾乳を任せられるので、とても助かっている。牛を迎えて3年目にして、収支は400万円程の黒字に転換した。しかしながら、借入金の返済はまだまだこれからである。薫る野牧場で生まれた牛が成長して搾乳牛になれば、生乳生産量が増える。その分の販路開拓を欠かさず、全量無駄なく販売するこ

とができれば、十分に完済が可能であると考えている。必要以上に儲けを出そうという考えはないが、これから子供を産んで育てていくのに不自由のない程度の収入は確保したいし、山地酪農で立派に生計を立てていくことができるとわかれば、「自分でやってみたいけど食べていけるか心配で踏み出しづらい」と躊躇してしまう人も少なくなり、新たに挑戦する人が増えれば嬉しい限りである。

　山地酪農の普及、拡大は中洞さんの望むことでもあり、私が山地酪農を実践する理由でもある。国土面積の約3分の2を山林が占める日本において、近年各地で起こる土砂災害を防ぐ方法として、山の有効な利用方法のひとつとして、山地酪農がもっと認知されて広まってほしいと願う。山に牛が放牧される風景は、とても気持ちの良いものであるし、それが日本でも当たり前になって、山地酪農家という職業がそう珍しくないものになれば幸いである。

2022年2月記

島根、田の原牧場の現状とこれから
三宅貴大
み　やけ　たか　ひろ
岡山県倉敷市出身／島根県益田市の妻の実家で山地酪農実践中

　島根県の西端にある人口五万人に満たない益田市。この妻の産まれた土地でともに牛を山に通年放牧する酪農、山地酪農を実践して五年になる。今回は一年の作業の流れと今後の展望を述べていきたい。

　私たちの牧場は妻の旧姓、田原からいただき、まさに田んぼと野原の土地ということもあって、子孫にも長くその名と土地を残していきたいという想いから命名し、田の原牧場とした。春先はとにかく忙しい。冬場を乗り越えるための牧草の収穫は天候との勝負。これは自家採草する農家は皆そうだが、このとき作る越冬飼料の品質でその年のころ一年が決まると言っても過言ではない。耕作放棄地を直した八反ほどの採草地ではあるが、作業は今まで殆ど手作業で行っていたため、大変な苦労であった。今年か

ら小型の採草機械を導入したため、今後は効率的に作業を行えそうだ。この時期は他にも田んぼや畑の準備もあるため、時間はいくらあっても足りない。さらに私も妻も市の嘱託として共働きしているため、予定の組み立ては神経を使う。牛達は春先の柔らかく栄養価の高い新芽や、タケノコを豊富に食べるため、最も肥える季節でもある。四月から五月にかけては自生えの草だけでは足りないので、近場に生えてる野草も必須となる。牧草の収穫が終わると息をつく間もなく草刈りシーズンが到来する。放牧地には牛の食べない草も多く生えるため、それらは一本一本、手で抜いていかなければならない。2〜3年続けることで、野シバやバヒアグラスが地表を徐々に覆っていき、その後は牛が管理してくれる。田んぼに溝を掘る作業も併せて行いたい。放牧地が谷にあるため、元田んぼに多くの水が出るからだ。重機を使い、溝を田んぼにぐるりと回し排水をしっかりとすることで、ドロドロだった田もイネ科の牧草なら播種出来るようになる。山地酪農ではなく谷地酪農と命名したいところだ。里山の多くはこういった谷から流れる水を使い田を起こし、傾斜のなだらかなところや畦地には豆や麦をまき、山の木々は薪や炭、材木として使い、野の草さえも乾燥させ冬場の牛の飼料や敷料、畑のマルチの代わりに使ったりと、まったくと言っていいほど土地を無駄に使うということをしなかった。先人の知恵には驚かされるばかりである。

　夏が近づくにつれ、暑さと共に虫が牛たちにたかるので、虫除けの薬をスプレーしブラッシングしてやる。日中30℃くらいになると暑さから日陰で涼むようになり、朝と夕方しか活動しなくなってくる。牛は暑さが寒さ以上に苦手なので、塩分とミネラル補給の鉱塩も欠かせない。夏は山は最も緑に覆われ、牛たちはそこかしこに餌があるので牛舎に帰りたがらなくなるのが困りものだ。秋口からは段々と草の再生力が落ち、春から夏に作った越冬飼料を少しずつ給与するようになる。そして次の年の採草に向けて、施肥、播種を行っていく。次の年の草の出来はこの時点で大きく決まるので、重要な作業だ。一段落すると山や耕作放棄地の開拓も行って、農地を増やしていく。年間、一頭ずつ牛を増やすには、少なくとも5反、理想は一町の土地が必要だ。近年の日本の農業の流れは、質の高いものを

作ってブランド価値を付加し海外に輸出するというものだ。しかし果樹、ハウス栽培では土地は多くは使えず、その上、耕作放棄地の殆どを占める水田の多くは硬盤層があり、まともに作物を育てるのにすら苦労する。そこで湿気にも強い牧草、飼料用米を活用して畜産振興する。というのが本来の形と思うのだが、現実は人手や初期費用がかさむため、楽な輸入飼料に頼り、飼料自給率は右肩下がり。荒れた目の前の国土を放置して海を渡ってくる餌で作るものにどれだけのブランド価値があるのか、甚だ疑問である。特に昨今は世界的物流の激化により（表面上は）コンテナが足りないという理由で輸入牧草が買いたくても手に入らないという惨状がまま起こっている。大規模農家の中には仕方なくクズのような草を代わりに買わされて、なんとか繋いでいるということだ。このままいけば牛乳の更なる値上げも当然起こりうるだろう。問題は目先に見えているのに先送りにしてその場を取り繕えればいい。まさにあらゆる問題に対しての現代日本人の思考そのものではないだろうか。

　そして人にも牛にも我慢の季節となるのが冬である。野には草がなくなり、餌は朝夕の二回給与の牧草と、山を開拓する際に切り倒す木や竹の葉のみとなる。雪の降る夜でも牛は身を寄せ合い、山の風の当たらない場所を探して暖を取る。日中に倒木で焚き火をしてやると、皆でぞろぞろと集まってきて焚き火を囲みながら葉を食べる。足りない餌は購入した乾草とWCS（飼料用稲）で賄う。春先には種をまき、牧草地に転換する。荒れた山は少しずつ綺麗な牧草地となる。大変な作業ではあるが、牛歩の歩みで、しっかりと一歩一歩を踏みしめながら前進することが肝心と思う。

　今年は無事3頭の和牛子牛が産まれ、牛乳製造のためのプラントを併設した自宅も建てることが出来た。今後は事業費を借り入れ、5年を目処に乳製造業を本格的に始動する予定だ。私たちの土地は多くが傾斜地で、また平地も元田んぼの圃場が殆ど。全部で十町歩ほどの小さな土地なので、牛は増やしても10頭前後に収めたい。少量生産ではあるが、コロナ禍で安心安全な食を求める声が一層強く聞かれるようになった昨今、地域の人々に末永く愛されるようなものを作っていきたい。

　ここまで1年間の大まかな作業を書いてきたが、当然ながらこれらも毎

年変わる。5年前に比べて牛は2頭から8頭になり、ヤギも5匹に増え、子供も出来た。これから事業を始めるに当たり、金策も多々行っていかなければならないだろう。本当に地味な作業の積み重ねである。しかし先人たちの凄まじい努力や苦労を多少なりとも知る身からすると、自分たちはなんと生ぬるいことをやっていることかと思うこともある。逆に辛いときや苦しいときは、彼らの後ろ姿を想いながら、なんのこれしきという気持ちで歯を食いしばって踏ん張ることができる。

　現代人は文明の発達によって、確かに生活水準は著しく向上した。大半の人々は寒さに凍えることもなく、飢えも知らず、求めれば大半のものは手に入る。だが、一方で言いようのない将来への不安や幸福感の喪失を感じている人々も散見される。これはおそらく日本が高度経済成長に伴い、物質的豊かさ＝幸福と勘違いしたまま、IT革命によって情報の渦に飲み込まれ、人間が本質的に持つ豊かさへの道筋を失ってしまったために引き起こされた現象なのだと思う。一都集中が叫ばれて久しいが、地方から若者を吸い上げ、出生率は最低という人口のブラックホールを、地方創生という名の僅かな、ばら撒きだけで解決しようという馬鹿げた発想。どんな自然環境でも、増えすぎた種は自身が持つ毒性によって緩やかに衰退していくのは自明の理だ。そして食べ物の大量廃棄が社会問題になるほど、常にどこにでも食品が溢れている。安く大量に使い捨てる前提での生産は膨大な量の埋め立てごみを生み、田舎の私たちの町でさえもう限界が近いというのに次の候補地も定まらないという。

　奇しくもコロナ禍により環境の変化を迫られ、中には人生の方向性に疑問を持ちIターンを始める人たちも現れてきている。令和も4年目を迎えた今、価値観を見直し、本当に人として幸福に暮らすためには何が必要か、今一度、一人ひとりが立ち止まって考えるべきタイミングを迎えているのだろう。温故知新、私たちの先祖たちはきっと命を張ってでも繋いでいくべき尊き価値を本能的に理解していた。物質的には決して裕福ではなかっただろうが、まだ見ぬ子孫の幸福を願い、わずかな土地を丁寧に耕すその姿を、私は見たことはなくてもこの土地が雄弁に語りかけてくれる。だから私も先人たちのように、年々歳々、人の世が変わり続けても、年々歳々、

牛たちとともに山を拓き、また種をまいていきたい。　2022年2月記

中洞牧場での学び
三宅望実
みやけ　のぞみ

31歳／島根県益田市出身／益田市で夫と共に山地酪農を実践

　中洞牧場での4年間の勤務を通して、私自身学んだことが三つあります。一つ目は、やろうと思えば何でもできるということです。私が中洞牧場に研修に行った時から感じていましたが、中洞式山地酪農は酪農といっても、牛の管理をして搾乳をして、牧草を作るという酪農だけでなく、山の開拓や開拓後の土地へ野シバを植え山の管理を行います。また土木作業、乳製品の製造、販売、加工場の増築、改造などいろんなことをやらせてもらいました。それまでは牛の餌やり、搾乳作業、重機の操作を少しすることなどが主な作業でした。中洞牧場で研修した時から、酪農だけでなくいろんなことを経験させてもらい、人ってやろうと思えば何でもできるんだなということを一番に感じました。機械が動かなくなったら、とりあえず分解して原因を探すこと、大雪で停電した時も発電機に切り替え商品が無事か確かめたり、電気のコードが切れたら線をつなぎ直し、配管の修理したりなど。現在自分たちで牛を飼い始めてからも、何かを作る、直すという、中洞牧場で経験してきたことは今ではとても役立っています。

　そして、二つ目は周りの人に感謝をするということです。中洞牧場で働いている間、私自身本当にいろんなミスをしてきました。発送作業で本数を間違えてしまったり、乳製造で調合ミス等、本当にいろんな失敗をしてしまいました。そんな時は必ず、一緒に働いていた仲間が助けてくれました。お互い支えあいながら、助け合いながらいろんな困難を乗り越えてきたように思います。同じ志を持ち切磋琢磨して成長できる仲間がいることのありがたさを本当に実感しました。そして、何よりも自分たちが作った牛乳を買ってくれる消費者の方とのやり取りの中で、「この牛乳しか飲め

ないんだよ」「この牛乳なら飲める!」「本当においしい牛乳だね」と言って買ってくださる消費者の方の声を直に聞き、自分たちがやっていることへの理解をしてくれて買ってくださっている方がいるからこそ自分たちの励みになり、勇気になり、モチベーションになるということを感じました。一緒に働く仲間、そして、自分たちの作った商品を買ってくださる方、支えてくださる方がいるからこそ、自分は生活していけるんだなと感じます。周りの人たちへの感謝の気持ち。これを忘れずに過ごしていかないといけないということを学びました。

　そして三つ目、諦めないこと。このことを私は一番に学んだように思います。中洞牧場で働いていた時、私はいろんな失敗をしてきました。その失敗を引きずるのではなく、次にどう活かしていくのか、どうしたら改善されるのかを考えなければいけないということ。また、中洞さんが現役で山地酪農をやっていた時は今よりもこの山地酪農に理解を示してくれる人たちは少なく、中洞さん自身も悩み苦しみいろんな壁にぶつかりながら、今日まで諦めず、自分たちの想いを曲げることなく突き進んできたと思います。それは何よりも、そして中洞さんを支えた奥さんのえく子さんの存在があったからだと思います。中洞さんたちがどれだけ悩み、苦しんできたかは私にはまだわかりません。でも自分たちで牛を飼い始め、少しは理解が出来るようになってきたと思います。中洞さん夫婦は現在も各地で頑張っている中洞牧場の卒業生をそろって見守ってくれています。諦めないことは簡単なようで一番難しいこと。それを中洞さんはやってきたんだと思うと、今私たちの目の前にある壁はまだまだたいした壁ではないなと感じます。遠回りをしても、いくら時間がかかってもいいから目標を失わず突き進んでいきたいと思います。

　この三つのことを学び、中洞牧場で一緒に働いていた夫と結婚し現在は私の実家の山で荒畑になってしまった土地を開拓から始めて6年目になります。牧場で働いていた時は同じ思いを持った仲間がすぐそばにいて、お互いに切磋琢磨して過ごしてきましたが、今は別々のところでそれぞれ夢に向かって突き進んでいます。離れているとやはり自分たちだけでは心細くなります。ですが中洞牧場を卒業して各地で牛を飼い始めた人たちがい

て、場所は離れていてもお互い連絡を取り合い、支えあっています。離れていても横のつながりを中洞牧場では作らせてもらい、とても感謝しています。それぞれやり方は違っても中洞さんから教わったことは、私たちの原点だと思います。

　昔は草も貴重な資源でした。どの家庭にも大体は牛が1頭はいて、牛たちの餌となる草を毎日刈ってあげていました。だからこそ景観が綺麗な状態で保っていました。今では邪魔扱いされている草。この山地酪農は本来の農業のあり方を示していると感じています。なんでも大量製造、大量生産。それが招く環境問題。昔は、草は牛が食べ牛が出す糞尿は畑や田に播かれて肥料となり、人間が出した糞尿も畑の肥やしに使われ、その畑、田から作られた農作物を人間が食べるといった、循環ができていました。そんな、自然の中で人間たちも循環した形で共に生活していました。これが本来あるべき姿なのだと思います。人間だけが、自由勝手に山を削り動物たちの住む場所を奪い、循環していた環境を壊しているのだと感じます。そうではなく、人間も自然の中の一生物。循環した自然の形に添って生活していくべきではないのかと思います。

　実際に山地酪農を始めてみて分かったことは、まずは環境の違いです。中洞牧場は東北で標高も高く、草もあまり種類がない土地です。ですが、私たちが始めた島根県益田市は、気温も高く、じめじめとした気候です。そのため草が長い期間生えてはいますが、温暖なため、いろんな種類の草が生えます。繁殖力の強い草が多く、そういった草に限って牛が好まないものが多く生えているのです。山の管理がまず大変でした。山の開拓をした後、牛が食べない下草を抜いていく作業がとても大変です。でも開拓した場所から下草が生え、野シバを植え夏になると青々とした草たちが生えてきて、とてもきれいな景観になります。そしてその綺麗になった山で牛たちが美味しそうに草を食む姿や気持ちよさそうに寝そべっている姿などを見ているだけで癒され、やりがいや達成感を感じます。

　そして中洞さんがやってきた当時と現在とでは山地酪農に対しての理解をしてくださる方も少なく、周りの環境も違っていたと思います。そんな中で自分たちはどうやって夢に向かって突き進んでいくか。自分たちで牛

を飼い始めていろんな壁にぶつかりました（現在もですが）。牛を死なせてしまうこともありました。牛が脱走することもあり、家畜関係の方ともトラブルがありました。そんな中で、中洞さんと同じようにやっても同じように出来るわけがないということを痛感しました。自分たちは中洞さんではないから。でも中洞さんの想いをしっかりと受け継いで、心に刻んで独立したスタッフがほとんどだと思います。これから山地酪農をやろうとする人、やりたいと思っている人は必ず通る壁。これは中洞さんも通ってきた道だと思います。「本物は三代目から」この言葉は中洞さんから教えてもらいました。壁にぶち当たった時はこの言葉をいつも思い返します。それだけこの山地酪農は時間がかかるものであり、焦らず、ゆっくりとしか進めない。少しずつの積み重ねが大切なのだと感じています。

　環境、状況が違う中で自分たちにあったやり方、進め方を手探りで探しながら進めています。自分たちのやり方が正しいとは思いません。牛舎で牛を飼っておられる方々も愛情持って、牛のことを思って育てておられることもしっかりと理解しています。それでも自分たちは、牛たちの一生を握っている中で、牛が牛らしく食べたいときに草を食べ、寝たい時寝たい所で寝て、走りたいときに走り回るという中洞牧場での牛たちの姿を見て、牛は強く、こんなにものびのびと日々を過ごしている姿を目の当たりにし、こんな風に育てたいという思いが強くなりました。人間の都合で牛舎に閉じ込めて一生を終えるのではなく、のびのびとした日々を過ごさせてあげたい。もちろん、自分たちの未熟さ経験不足でケガや、病気をさせてしまうこと、時には死なせててしまうこともあります。それでも自然の中で強く生きていける牛たちを、自分たちも育てていきたいと思います。

　そして現在私の実家の山で牛を飼っていますが、その土地の地形から、祖父母やもっと前の先祖たちがどんな思いでこの土地を開拓して生活をしていたのかと思うと、一層この土地を守っていかなければいけないと感じます。本当に小さな面積の畑でも、平らではなく少し斜めになっている土地でも、畑にしたり、田んぼにし、田んぼの時期が終われば畑にして豆をまいていたという話を聞きました。自分たち家族が生きていくための食べ物を家族みんなで作り、助け合い生活していたことが分かります。本当に

土地を大切にしていたんだなと、開拓しその当時の生活していた形があらわになるたび、感慨深いものを感じます。この土地、山を自分の代で絶やしちゃいけない。このことをいつも感じます。この山を守っていくためにも、草を食べてくれる牛たちの力が必要です。牛と共に生活していけるやり方を探していきたいと思います。　　　　　　　　　　2022年2月記

山羊の山地酪農でバトンをつなぐ
千葉真史
<ruby>千<rt>ち</rt>葉<rt>ば</rt>真<rt>まさ</rt>史<rt>ふみ</rt></ruby>
32歳／愛媛県新居浜市出身／愛媛県喜多郡内子町在住

　2019年（平成31年）3月から1年間、夫婦二人で中洞牧場で働かせてもらい、牧場での生活を通して様々なことを学ばせて頂いた。私は非農家に生まれ育ち、大学では化学を専攻、その後食品業界で研究職として就職し、東京で社会人生活を送っていた。中洞牧場を訪れるまで、畜産どころか農業にほとんど関わることがなく、異分野からの畜産への挑戦だった。

　中洞牧場を訪れるきっかけとなったのは、中洞さんの著書『黒い牛乳』（幻冬舎）を読んだことだった。その当時、チーズ作りに興味があり、その主原料である生乳について調べていて偶然手に取った本だった。それまで、どのように牛が飼育され、生乳が生産されているのかをほとんど知らず、漠然と広い草原で牛がのんびりと過ごす牧歌的な風景が一般的な牧場のイメージとしてあった。しかし、本書籍で現在そのような酪農はごく少数であることを初めて知り、衝撃を受けた。山地酪農の方法論や哲学に感銘を受け、実際にこの目で見てみたいと思った。書籍を読み終え、すぐに中洞牧場に見学を申し込み、夫婦二人で牧場を訪れた。

　訪問したのは10月頃、ちょうど紅葉の映える良い時期だった。中洞さんに案内していただいた放牧地は、山肌を隙間なくびっしりと野シバが覆っており、ところどころに紅葉した広葉樹が立ち並び、今までに見たことのない感動的な景色だった。そこで過ごす牛たちはのびのびとしており、

とても幸せそうに感じた。ここで見た風景や感じたことはどれも自分にとってとても刺激的で、このような畜産を実践してみたいと強く感じるようになった。中洞さんからも「やる気があるならここに学びに来なさい」と言っていただき、酪農の世界に飛び込むことを決心した。突然の大きな決断だったにも関わらず、妻は酪農に挑戦することを快諾し、一緒に岩手に行くことを決めてくれた。今でもとても感謝している。

　見学に訪れた翌年の2月いっぱいで会社を退職し、3月から岩手に移り、牧場の一角にあるログハウスをお借りして住み込みでの新しい生活を始めた。ログハウスは放牧地のすぐ横に建っており、朝は牛の足音と鳴き声で目覚め、カーテンを開けると目の前に牛がいるというなんとも素晴らしい環境だった。

　しかし、岩手の3月は愛媛育ちの私にとっては経験したことのないような寒さだった。慣れない環境に加え、これまでのデスクワーク中心の仕事から肉体労働という大きな変化も相まって、1週間ほどで体調を崩してしまった。その時は、来たばかりですぐに音をあげてたまるかという意地もあり、周りに悟られぬよう無理して作業していた。無理が祟ったのか、牧場に来てから2週間で7kgほど痩せてしまい、大変なスタートとなった。

　その後は壁を越えたようで1年を通して体調はすこぶる良好であった。東京で生活していたときは、1年の内ほとんど毎日体調の不調を感じていたが、牧場での生活ではそれまでが嘘のように健康的な体になった。人間は自然の中で生きていくのが本来あるべき姿であり、自然からかけ離れた生活を続けていると何かしら歪みが生じるものだと感じた。これは牛も同じであり、中洞牧場の牛たちは自然の中で自由に生活しているから健康なのだ。

　一方、東京で生まれ育った妻が山奥にある牧場での生活になじめるのかとても心配していた。途中で耐えられなくなり、実家に帰ってしまうのではないかと最初のころは内心ヒヤヒヤしていた。実際、初めは環境の変化に不安を感じたり、不便に感じることもありかなり参っていたのだが、最終的に牧場を出るときにはすっかりここでの生活を楽しんでおり、牧場を離れるのが名残惜しかったようで、とても嬉しく感じた。

　中洞牧場で私は長期研修生として牛の世話や放牧地の管理などの外仕事

だけでなく、乳製品の製造、工場の設備工事など様々な作業に挑戦させて
もらい、とても密度の濃い1年を過ごした。どれも初めてのことばかりで、
何度も失敗したり時間がかかったりしてしまったが、その度周りにフォ
ローしてもらったり、アドバイスを頂いたおかげで色々な経験を積むこと
ができた。牧場の仕事が休みの日も、これから必要になる技術を習得する
ため、チェーンソーの講習会に参加したり、重機の免許を取得したりと毎
日必死だった。

　犬ぐらいしか動物と触れ合ったことのなかった自分にとっては、100頭
以上の牛を目の前にして最初はかなり戸惑っていたように思う。中洞牧場
では牛1頭1頭にそれぞれ名前がついているのだが、初めは柄のない茶色
いジャージー牛は自分にはほとんど区別がつかなかった。しかし、毎日顔
を合わせていると不思議と見た目の違いがわかり始め、そしてそれぞれ人
間と同じように個性があることに気が付くようになった。さらに同じ牛で
も、日によって今日は調子が悪いなど些細な変化にも気が付くようになっ
てきた。

　一つ思い出深いエピソードがある。腰近くまで雪が積もった冬の日の出
来事だった。朝の搾乳時に山から帰ってきていない出産予定日の近い牛が
1頭いた。冬場は雪深く、そう遠くに牛が行くことはないのだが、近くを
探してもその牛は見当たらず、山の奥のほうへと続く足跡が残されていた。

　牛は基本的には群れで行動しているが、分娩間近になると群れから外れ
て出産場所を探しに行くのだ。夏であれば子牛を連れて翌日にひょっこり
帰ってくることがほとんどだが、寒さの厳しい冬は何が起こるかわからな
いため、足跡を辿り牛を探しに山に入った。深い雪にも関わらず足跡は
点々と遥か向こうの方まで続いていた。2時間近く足跡を辿って雪山をさ
まよい歩いた末、親牛と元気な子牛を発見した。そこはやや窪地になった
場所で木の陰になっており、雪がしのげそうな場所だった。親牛は少しで
も安全な出産場所を求めて山を練り歩き、介助されることもなく立派に出
産をやってのけたのだ。

　舎飼いの牛では、運動不足による筋力の低下から分娩の際に介助が必要
なことが度々あるが、日ごろから山を歩いている牛は自分で産み落とすだ

けの力がある。また、常に自然の中で行動している牛にとってはどこが危険でどこが安全なのか判断する力も育まれているのではないかと感じた。このように牛には本来自然の中で生きていくための力が備わっている。牛が本来持っている能力、生まれ持った習性をしっかりと発揮できる環境が備わっていれば、人間が手を貸すことはほとんどなく牛任せで大丈夫なのだと牛から教えてもらった。これこそ山地酪農の醍醐味である。

　中洞牧場での1年間の研修を終えた後、故郷である愛媛県に戻り、県内の放牧を行う牧場で働きながら、自身の牧場を立ち上げるため土地探しを始めた。岩手県と愛媛県では気候だけでなく、地形にも大変な違いがあった。岩手県は比較的なだらかな山が続いていたが、愛媛県の中山間地域では非常に急峻な山地がほとんどで、体重の重い牛を放牧した場合、野シバが繁茂する前に斜面の踏み崩しが起こることが懸念された。また、冬は積雪もほとんどなく過ごしやすいのだが、夏の暑さは非常に厳しく乳牛にとってはかなり過酷な環境に思えた。「適地適作」という言葉があるように、畜産にも「適地適畜」があるだろうと思っており、この土地の風土に適した畜産とは何だろうかと考えるようになっていた。
　これらの課題へのアプローチとして山羊の山地放牧に思い至った。山羊は元来、荒涼な山岳地帯に生息する生き物であり、急峻な斜面も軽々と登り、粗食に耐え得ることが知られている。また、乳牛に比べて暑さにも強い。山羊ならばこの地での山地放牧により適応し、適地適畜になるのではないかと考えた。
　早速子山羊3頭を買い求め、働いている牧場の一角を借りて小規模な山地放牧を行った。その一角は傾斜が40°前後ある斜面で半分は竹林であったため、伐採した後放牧を行った。竹は非常に繁殖力旺盛で、伐採しても地下茎が残るためすぐに再生し、その管理は困難である。そこが急傾斜地となれば管理の手間は一層大きく、放置竹林が急増する一因となっている。山羊は極めて食草範囲が広く、特に樹木の葉や皮を好み、細い枝でも食べるため、再生竹の抑制に効果的であると考えた。
　目論見通り斜面の踏み崩しも少なく、竹の再生を抑制しつつ春から秋に

かけて十分な野草を確保することができた。また、山羊は真夏の暑さももろともせず日中でも外で草をよく食べ環境への適応性に手ごたえを感じた。秋には雄山羊を導入して交配を行い、3頭とも春に無事元気な子山羊を出産した。

　山羊の乳や肉は独特の臭みがあると思われており、消費者から敬遠されがちである。また、牛乳と異なり山羊乳はほとんど一般流通しておらず、消費者にとってもあまりなじみがない。しかし、いざ搾乳して飲んでみるとその乳は癖もなくさらっとしていて、やさしい甘みがありとても美味しい。また、肉も思っていたような癖はなく、旨味が強く感じられる良質な赤身肉だった。どうやら肥育方法や餌によって味も大きく変わるようである。

　かつては自給家畜として山羊が盛んに飼育されていた時代もあったが、農業の近代化に伴い経済性の高い牛や豚、鶏が主流となり、現在山羊は全国で約3万頭ほどしか飼育されておらず、その畜産物の利用もあまり進んでいないのが現状である。山林が多くを占める日本の国土に適合し、山地の野草を食べ、さらに美味しい畜産物を提供してくれるのであるから、これからの食糧難が叫ばれる時代、もっと注目されるべきであろう。

　それまでは乳牛の勉強をしてきたが、実際に山羊を飼育していく中で大きな可能性を感じ、山羊による山地放牧に挑戦してみようと決心した。幸いにも、山羊を放牧するのに適当な耕作放棄地と山林を借りることができ、現在はそこに山羊を放牧し、山羊の力を借りて土地の整備を進めるとともに繁殖を行っている。

　今後は山地放牧で育てた山羊の畜産物を消費者に手に取ってもらいやすい形で販売し、山羊で生計を立てることが当面の目標である。そのためにはいくつか課題があるのだが、まずは山羊の肉利用の道筋をつけることが第一である。なぜならば、牛は1回のお産で1頭の子牛を産むが、山羊の場合は平均でその倍の2頭の子山羊を産む。つまり、乳を得るために50頭の母山羊を常に飼育している場合、計算上は毎年100頭近い子山羊が生まれる。そのため毎年全ての子山羊を残しているとあっという間に飼養頭数が増大してしまう。雌であれば、後継山羊として残すこともでき、個体販売に出したとしても買い手が付く。

だが乳生産に直接繋がらない雄についてはそのままではなかなか行き場がないのが現状である。愛玩用途ではなく経済動物として飼育している以上、肉としての利用を考えて行かなければならない。牛の場合は雄が生まれても肥育を専門とする農家に引き渡すことができる。また、性判別精液を用いて人工授精により雌を選択的に得るなどの選択肢もある。

　一方、山羊では肥育を専門にする農家はなく、産み分けの技術も一般的ではないため、雄山羊の自家肥育を行い肉として自身で販路を開拓する必要がある。しかし、肥育しても今やマイナー家畜となってしまった山羊の屠畜・解体を引き受けてくれる屠場や、精肉を引き受けてくれる食肉業者も限られており、まだまだ課題が多くある。さらにその先どのように消費者に対してアプローチしていくのか、いかに畜産物の付加価値を高めていくのかも含め、現在様々な模索をしているところである。

　乳を利用するために一定の頭数を維持していくには、肉利用の道筋がたっていないと立ち行かず、乳利用と肉利用は表裏一体の関係にあると言える。家畜を健やかに育て、その畜産物の価値を消費者に正しく理解してもらい、余すことなく消費してもらうことが、畜産農家としての命に対する責任だと考える。だからこそ、その肉利用についてまず第一に取り組んでいきたい。

　さらにその先に見据えているのは、農業教育の場として牧場づくりである。私は中洞牧場を訪れて畜産に興味を持つようになったが、それまで農業をやってみようと考えたことは一度もなかった。これは、日本の教育には農業がほとんど組み込まれていないことが問題なのではないかと思う。私が子供のころ農業に触れた経験といえば、小学校の課外授業で行った田植えぐらいのもので、中学、高校と進学するにつれて受験のための授業中心で農業について学ぶ機会はますます無くなる。農業といえば大変で儲からないという負の先入観しかなく、進路を決めるにも農業という選択肢はどこにもなかった。特に畜産の生産現場は、世間に対して閉ざされており不透明であるため、関心を抱くような機会もほとんど無いように感じる。

　農業は人間が生きていくうえで最も基礎となる営みであるにも関わらず軽視されているのではと感じてならない。次に続く世代がいなければ今後

ますます日本の農業は厳しい状況へと追い込まれていくのではないだろうか。だからこそ、次の世代がやってみたいと思える魅力ある畜産を実践し、生産現場をオープンにして一人でも多くの人に関心を持ってもらい、畜産について伝えていくことが目標である。私自身もこの目で中洞さんの山地酪農を見て、自分も取り組んでみたいと思った一人である。中洞さんから受け取ったバトンを、私も次の世代に引き継いで行かなければと思う。

　まだまだ走り始めたばかりで、これから困難の連続だと思うが、山を登る牛の歩みのごとく一歩一歩粘り強く前進し、夫婦二人で力を合わせて山地放牧をさらに発展させて行きたいと考えている。　　　　2022年2月記

南の島に酪農を復活させる
ツンフグ牧場

石川智紀・敦子
（いしかわ とも のり　あつ こ）
共に神奈川県出身、2008年に宮古島へ移住
中洞牧場にて2017年8月〜2018年7月まで夫婦で研修。

　現在は沖縄県宮古島市でヤギミルクのソフトクリーム店を営みながら、ジャージー牛の育成2頭を放牧中。2023年（令和5年）春頃には搾乳を始められる予定。

　初めて中洞牧場を訪れた2017年（平成29年）夏、山の稜線を牛たちが歩いている光景を見た感動は、今も目に焼き付いている。まるで海外に来たかのようだった。山には牛道が出来ており、傾斜45°までなら牛は大丈夫と教えられた。

　まず中洞さんから教わったのは山のことだった。野シバが網の目ように張っているおかげで土砂崩れは起きにくくなる。2016年8月に起きた台風10号による岩泉水害では、牧場の山から1カ月間湧き水が流れ出ていたと聞いた。野シバのネットは保水力にも優れているということだ。

　木材の輸入自由化により安い木材が出回るようになって日本の林業は衰退し、放置林が増え、日光は届かないため下草は生えず、表土流出につな

がっていると知った。

　野生動物も食べるものが実らないから里まで下りて来てしまうというわけだ。

　「中洞さん、宮古島には山無いんですけど……」

　「平らな方がいいじゃねえか」

　そうか、山じゃなきゃいけないわけじゃないんだ（笑）

　牛は傾斜地を歩くことで足腰が丈夫になるし、削蹄の必要も無くなるけれど、転倒や転落の事故が無いわけではない。その土地に適した種になるまでには3世代かかるそうだ。現に、同志たちの牧場でも転落事故は起きている。立てなくなった牛に待っているのは「死」であることがほとんどだ。

　私たちが中洞牧場を後にする頃、住まいを残してあった宮古島は「宮古バブル」と言われる時期に突入しており、建設ラッシュによる住居不足で、新築1Kのアパートが家賃10万円なんていうのもあった。私たちが志す放牧酪農をやるには土地が無い。いま宮古島へ戻るより、日本の過疎地で山地酪農を広げていくことの方が重要なのではという気持ちになっていた。

　ちょうどその頃ご縁があり、四国の山奥へ行くことになった。森林率99％の村だった。やはりここも手入れのされていない針葉樹の山ばかりで、かなりの急斜面であった。

　山は所有者が細かく分かれており、50haくらいのまとまった山地が欲しかったが、全員に納得してもらうには困難を極めた。畜産と縁遠い土地柄であったこと、まだ山の水を飲用水としているので糞尿の懸念（野生生物はいっぱいいるのに……）、かつての林業全盛期の木の価格の記憶が残っていること……。

　それだけではなかった。「林地開発許可」なる制度が立ちはだかり、1ha以上の開発行為は水の流れがどう変化するかなど事前に証明しなければならないというのだ。これは、無秩序な市街化の防止を目的としており、大規模な伐採によって土砂流出のような災害が起きてはいけないためである。この申請は素人にできるようなものではなく、コンサルタントにお願いしたら1000万円はかかると言われた。「開発」するつもりなんて更々無いのに……。山を守ろうとしているのに……。

中洞牧場のような見晴らしの良い山にすることは現代では簡単ではないと分かり、ならば適切な間伐に留めて、林間放牧という形なら可能だろうか。林畜複合をされている肉牛繁殖牧場にも勉強に行った。

そんなこんなしながらも、山奥の更に奥、昔の集落近辺の山を一人の方がまとまった広さで所有していることが分かり、交渉に入った。しかし、税金対策のために保安林に指定されていた。保安林は基本的に解除することはできず、勝手に伐採することも許されない。家畜の放牧については県知事の承認が必要となるため県職員と相談したが、エリアを区切って2〜3カ月ごとに移動させるようにとのことだった。なかなか思い通りには進まなかった。林業と畜産、縦割り行政を目の当たりにした瞬間だった。

牛が藪を切り拓いてくれて、人間が木を切っていく

こんなに山があるのに、土地問題でスタートが切れず、何とももどかしかったことが……。これから山地酪農に挑戦しようと考えている方がこれを読んでいるのなら、昔牧場だった所や継承者がいない牧場、四国カルストのような所を探した方が早い。牧場というのは人里離れた所にあるのが普通で、そういう場所ならご近所問題で悩むことも少ないだろう。

理想の山を作るのに何十年とかかるのに、土地の問題でつまずいている時間は非常にもったいない。

あとは、酪農の空白エリアもなかなか難儀だ。そこに酪農家が存在しないというのは、土地的に向いていないからということが大いに考えられる。最初から6次産業化の準備が出来ていればいいが、毎日集乳に来てもらえるのか調べておくことも必要かもしれない。保健所に知識のある職員がいない可能性もある。

四国の過疎の村を山地酪農で盛り上げようと1年半動いたものの、縁もゆかりもない土地でゼロから始めることは難しかった。

そんな折、よんどころない事情で宮古島へ戻ることとなった。

2018年（平成30年）の初めころ、唯一の酪農牧場は廃業してしまい、宮古島には酪農家が一軒もない。

「島の牛乳が無くなる」「学校給食はどうするのか」

島の騒ぎは拡散され、私たちは岩手県（中洞牧場にて研修中）でこのニュースを見た。

学校給食で牛乳は必要だろうか??　中洞さんの講義を聞いたことがある人ならそう思えるかもしれない。

そもそもアメリカの余剰穀物問題を解消するために始まった学校給食での牛乳。牛は草食動物なのに、乳量が増えるからと穀物をたくさん食べさせられる。お乳はお母さんの血液から作られているわけで、母体に負担がかかることは間違いない。

放牧の牛なら10産くらいは普通なのに、乳量を求められている舎飼いの牛は平均2.5産で淘汰されるというのだから、牛乳製造マシーン、工業製品と言われても仕方ない。牛乳はもっと貴重な飲み物であってよいと思う。

私たちが宮古島へ戻った2020年（令和2年）になっても、島に乳牛は1頭もいなかった。酪農を復活させようとした企業はいたようだが、莫大な資金が必要となるため諦めたようだ。学校給食の牛乳を賄えるくらいの規模を想定したのだろう。かつて学校が休みの時には、安売りをしてさばいていたのに……。

このタイミングで宮古島へ帰って来たのも運命だろうと思い、資金は無いものの何とか乳牛を導入できないか、農政課へ行った。金融公庫へ行ったところ、農業関係はまず農政課へと言われたからだ。

「経営計画を作ったところで、会議で認定されることは難しいでしょう。そもそも酪農家が1軒もいないし、計画倒れになろうとした時、アドバイスできる農家もいない。それに、寒い所から牛を連れて来て、こんな暑い所で牛乳出るんですか?」

「え、だって石垣で何軒も酪農やってたじゃないですか。石垣島のジャージー牛を導入しようと考えているんですけど」

宮古島には肉牛の繁殖農家はたくさんいる。肉牛のデータはある。乳牛について計画書を作っても、妥当性を判断できる人間がいないということだ。ただし、沖縄本島で乳牛を担当していたことのある家畜保健衛生所の

職員が宮古島にいるというので紹介してもらった。

後日、家畜保健衛生所の女性が来てくれたので、こちらの希望を話した。

「草地はあるの？　みんな牛飼いたいっていうけど、餌のこと全然考えてなかったりするのよ。牧草地として貸すのは一番嫌がられるよ、周りに草が広がるから」

はい、おっしゃる通り、草地の当ては無いし、放牧させるための適正規模の土地も無かった。

一番ネックとなったのは、牛の導入だった。現在、宮古島発着便で人が乗れる船は無い。そのため、長時間搾乳しなければ乳房炎になってしまう乳牛を運ぶことができない。また、妊娠牛を運べば早く搾乳を始められて収入になると考えたが、船に揺られて早産となってしまうことが多く、船の中で出産してしまったら到着時には乳房炎の可能性が…。

牛の導入先として候補にあった石垣島は近いけれど、宮古島への直行便は無く、一度那覇（沖縄本島）を経由して宮古島へやって来る航路だ。牛用のコンテナは窓が開いていて、風通しはよいのだが、運搬に適しているのは11月から2月までの間。それ以外は気温が暑くなるので危険であると。

「でもさー、その時期って海荒れるんだよねー」

「……」

つまり、導入する牛は子牛か育成牛→搾乳できるようになるまで長い‼運ぶ季節は冬！　でも海が荒れて欠航になったら予定通りには進まない！

本土で独立するなら、朝搾乳した牛をトラックで運んでくれば、夕方自分の牧場で搾乳できるという簡単な話なのに。これがいわゆる離島苦か‼とため息ばかりだ。

牛は購入金額が高いし、島外からの導入が簡単ではない。ならばと、何年も前から飼いたいと思っていた山羊を手に入れた。山羊は島外から連れて来なくても、島中にいっぱい居る。99％お肉となる運命だけれど。

沖縄は昔から庭先には山羊がいて、お祝いの時にはそれをいただくというのが習わしであり、食糧難の時代には貴重なごちそうであった。

これだけ山羊がたくさん居るのに、ミルクは全然活用されていないのが

現実。かつては沖縄本島に「はごろも牧場」という山羊専門牧場があり、宮古島出身のお父さんが家族経営でヤギミルクを加工販売していたが、今は廃業してしまった。

　ヤギミルクは人間の母乳に一番近く、牛乳アレルギーの人でも飲める可能性が高い。栄養価は牛乳に勝る点が多く、中鎖脂肪酸（MCTオイル）が多く含まれている。「宮古島のトライアスリートと言えば石川夫妻」と言ってもらえるくらいトライアスロンに真剣に向き合ってきた自分たちとしては、アスリート目線で見てもヤギミルクは価値があるものだと思い、まずは山羊でやっていこうという方向性になった。

　酪農家として独立した際には、まずはソフトミックス（ソフトクリームの原料）を作るのが一番良いと中洞さんに教わった。ソフトミックスならば冷凍保存ができる。牛乳としての販売は賞味期限が短い。貴重なミルクを100％生かすにはソフトクリームやジェラート製造が向いているということだ。

　絶妙なタイミングで、高知県南国市の川添ヤギ牧場（当時、ヤギ牧場としては日本一の飼養頭数）の代表が来島された。「今度、ヤギミルクのソフトミックスを売り出すことになった」と聞かされた。「えー！　先にやられた！」と思わず言ったら、「いやいや3年はかかりますよ」と返された。

　山羊は1頭から2Lくらいしか搾れないし、それなりの頭数が揃わなければ商品化するのは難しい。自分の山羊から商品が作れるようになるまでは、川添ヤギ牧場のソフトミックスを使わせていただこうということになり、酪農家より先にヤギミルクのソフトクリーム屋となった。

　しかし世の中はコロナ禍へ突入。資金を借りてソフトクリーム屋をオープンさせてみたものの、なかなか厳しい経営状況が続いた。牛を迎え入れられる程の余裕ははっきり言って無かったが、農業者として認めてもらえないならば自己資金で導入して、宮古島でもちゃんと元気に生きられる、亜熱帯でもミルクを搾れることを証明するしかないと考えた。

　ジャージー種の育成牛を2頭だけ、熊本県の玉名牧場から購入した。こ

こは濃厚飼料を一切与えていない完全グラスフェッドで、体は小さめだが草だけでもこれだけ大きくなるのだと感心した。

『丑年なので牛を導入します』と目標を掲げ、2021年（令和3年）12月9日ギリギリのところで滑り込みセーフ。約3日の航海を経て、「すもも」13カ月齢と「ふゆめ」11カ月齢が宮古島へ到着した。

九州の家畜商にちゃんと伝わらなかったのか、牛用の飲み水20Lタンク2つがそのままコンテナ内に置いてあった。牛がセルフで開けられるわけないよね……。牛は船に積み込まれた後に船員の誰かがお世話してくれるわけではない。痩せてしまっていたが2頭は元気にモ〜 !!　と鳴いてくれて、本当に安心した。このご対面の瞬間は一生忘れないと思う。

2018年（平成30年）にホルスタイン牛の酪農牧場が廃業して以来の乳牛導入で、尚且つジャージー牛が宮古島へやって来るのは初めてということもあり、ダメ元で地元新聞2社とケーブルテレビへ取材依頼を試みた。結果、3社とも報道してくれて、市民に知ってもらうきっかけとなった。案の定、自分の畑を草地に使わないかと言ってくれる人が現れたり、ジャージー牛を見たいと訪れるお客様もいた。黒毛和牛しか知らない人は「何この牛、目が可愛い〜 !!」と喜んでくれた。

今はまだ適正規模とは程遠い狭さの中で放牧している。山羊が草を食べるスピードとはまるで違い、あっという間に緑が消えた。習慣付けのためにも、朝夕は刈り取ってきた青草（ネピアグラス等）を餌場で与えるようにしているが、宮古島は真冬でも青草が生えているということだけが強みだ !!　たった2頭分といえども、人間が毎日刈り取って来るのは相当な労力ではあるが、外国産の乾草には頼らず、宮古島の草で育ったミルクにしたい。

山が無い、土地も無い。これからも小さな畑を順繰り移動放牧させていくしかないかもしれない。けれど、中洞さんが「中洞式山地酪農」と言っているように、その土地その土地に合ったやり方を見付けていくこと、それが正解なのだと思う。寒地型、暖地型で生える草だって違うし、亜熱帯地域では乾草はカビるので作れない。

一般的な畜産の知識がある人と話すと「牛舎は？」と聞かれるが、うち

も「牛舎のない牧場」だ。岩手県の深い雪の中でもたくましく生きている牛たちを目の当たりにしてきたからこそ、自信を持って言える。きっと台風だって、運悪く何かが飛んでこない限りは大丈夫なはずだ。

あと数カ月のうちに人工授精をして、来年には宮古島産の牛乳が搾れるようになるだろう。待ってくれている人たちがいるので、頑張りたい。

中洞牧場では中洞さん自身がプラント工事を担当しており、その手伝いをできたことは貴重な経験だった。極力支出を抑えて、できることは自分たちでやる。

また、ちょうど研修中が中洞牧場のアニマルウェルフェア畜産農場認証第1号取得のタイミングで、記念式典に参加できたことは誇りだし、テレビ番組登場によるバター発送地獄を経験できたことはいい思い出だ。

牛飼いとして、いま優先すべきは何か、理想と現実の狭間で妥協点を見付けないといけないこともある。大事なのは繋げていくこと、続けていくこと、持続可能な酪農であることだと思っている。

亜熱帯の宮古島から真冬はマイナス20℃になる雪国へ。若くもない夫婦を受け入れてくださった㈱リンクの岡田社長をはじめ、中洞さん、牧場関係者の皆様、この場を借りて深くお礼申し上げます。

南の島の牛乳を復活させることで皆様に恩返しできるよう精進して参りますので、これからも見守っていただけましたら幸いです。私たちは必ずやります‼

2022年2月記

自分の牛の牛乳から製造・販売を目指して
浅生 忍（あさお しのぶ）
41歳／熊本県球磨郡あさぎり町出身／
佐賀県三養基郡基山町在住

私は熊本県で父が経営する酪農家の後継者として働いていました。偶然本屋さんで中洞さんの『しあ

わせの牛乳』を見つけ我が家の酪農とは全く別物で大変驚きました。

研修を希望して早速連絡したところ、快く引き受けた頂くことになり2018年（平成30年）7月から2019年（平成31年）3月まで中洞牧場で研修生としてご指導いただきました。

父の経営する酪農は舎飼いで、将来の展望を見出せずにいたところでした。中洞牧場では通年昼夜放牧で自社のプラントで製品を作り直接販売をおこなう日本酪農界では数少ない6次産業を行っていました。

中洞牧場での最初の印象はとにかく景色が良いことでした。まるでゴルフ場のような緑のじゅうたんがうねうねと、どこまでも続いていました。ところどころにカラマツや赤松の針葉樹、白樺やイタヤカエデ、楢や栃などの広葉樹の森もあり、まるで絵にかいたような風景の牧場でした。

舎飼いの酪農家の感覚では牛が糞尿で汚れ、牛舎内は糞尿や牛の体臭で激しく匂っているのが普通だと思っていましたが、中洞牧場の牛は全く汚れることもなく毛並みはいつもつやつやしていました。牛舎の中には基本的に牛はいませんから全く匂いがないことも驚きでした。

ただ南国育ちの私は冬の寒さには閉口しました。真冬には氷点下20度になった時も何日かありました。しかも冬の朝6時からの作業は、山に牛を迎えに行くことから始まります。吹雪の日もありました。体の芯まで凍えるようにしばれます。

それでも牛たちは凍てつく雪の中で、何事もなかったように平然と寝転んでおり、その姿にはびっくりしました。

日々の作業は搾乳作業や山作業、特に山作業は山地酪農特有のものです。まるで林業家にでもなったような作業が続きます。木を伐採しシバ植え、掃除刈りなど一般の酪農家では全く経験できない作業がありとっても新鮮に感じました。

中洞さんは春から秋まで毎日のように山に行ってこの仕事をしていますが、この牧場は牛が作った牧場だと言っています。

「俺がやったのは2割程度かな？　あとは牛たちがやったんだ」。確かに夫婦二人で牛の世話をし、販売までしながら、あの広大な放牧地を作り上げるのは並大抵の労力ではないと感じました。

ちょうどそのころ第2牧場の建設中で、中洞さんが行う井戸掘り水道工事の手伝いもさせていただきました。大型のショベルカーで井戸を掘り、コンクリート製のヒューム管をその周りに配し、砕石を入れ井戸を作ります。ポンプを備え付け、配管をして牛舎まで水道を引いていました。

　乳製品製造工場の機械設置や配管工事はすべて中洞さんがやったとのことを聞いて驚きました。私も少しだけでしたが乳製品工場のサニタリー配管工事を手伝いました。中洞さんは言ってました。「百のことができるから百姓なんだ！　失敗を恐れず何でもやってみろ！　試行錯誤が最も早い技術習得の方法だ」と。

　現在私は佐賀県基山町で搾乳牛5頭、育成牛5頭、採卵鶏80羽を飼っています。まだ乳製品の販売には至ってませんが近いうちにプラントを作り製品の販売を行います。　　　　　　　　　　　　　　　　　　2022年2月記

夢を実現していく夫と共に、
自然の中で働き暮らす幸せ

千葉夢子
ち　ば　ゆめ　こ

31歳／東京都府中市出身／
愛媛県喜多郡内子町にて夫と共にヤギ牧場を経営

　ある日突然、「チーズを作りたいから、牛を育てたいと思っている」と、目をキラキラさせながら夫は言った。この時私が抱いた感情は、「なにそれ面白そう！　（ワクワク）」と、「住む場所は？　収入は大丈夫？　そんなことできるの!?　（不安）」この二つだった。どちらの感情も持ったまま、とにかく一度体験してみよう、それから考えよう、と夫に言われるがまま中洞牧場へ2泊3日の見学に行くことになった。

　まず放牧地の案内をしてもらったのだが、その広さに驚かされた。広大な山林は綺麗に生え揃った野シバで覆われていて、そこに放牧された牛たちは思い思いに草を食み、のんびりと過ごしていた。何より印象的だったのは、開放感のある空。見渡す全ての景色に余計な物がなにもない大自然

は、東京で生まれ育った私にとって見たことのない景色だった。私は初めて目にする絶景を前に感動と興奮を覚え、この時にはもう、ここで働きたいと思い始めていた。

2日目の夜の夕食時、中洞さんから放牧酪農への想い、山での暮らしの良さを聞かせていただいた。部屋に戻り、夫は私に言った。

「放牧酪農を夫婦でやりたい。もし夢子がやらなくても、俺は一人でもやろうと思う」

私はこれを聞いて、今までなんとなく抱いていた不安が一気に解消された。夫の「やりたい」が、軽い気持ちではないことがわかったからだ。これほど真剣に「やりたい」ことがある人生に、私もついていきたいと思った。こうして私たち夫婦は、放牧酪農を学ぶべく中洞牧場で働くことになった。

都市部で育った私にとって、山での生活に慣れるまでは苦労した。牧場の敷地内にあるログハウスに住まわせてもらうことになったのだが、室内にも関わらずカメムシが大量に出るのだ。地面がほとんどアスファルトで覆われた東京に住んでいた私にとって、慣れるまではかなりのストレスだった。さらに、ログハウスにはトイレがなく、トイレのある研修棟まで行くには一度外に出なければならない。普通に歩いていけば30秒くらいの距離なのだが、雪深いときはそう簡単にはたどり着けない。冬の夜中にトイレに目が覚めたら、膝まである雪をかき分けながら階段を降りなければならなかった。当初は泣き言を言っていたのだが、次第にカメムシは特に悪さをする虫ではないことに気が付き、同居人だと思えば良いかと考えるようになった。また、冬の夜は空気が澄み渡っていて満点の星空が拝めるため、夜中の雪道も苦に感じなくなった。人は自分の思っている以上に新しい環境に順応する力が備わっていることを知り、どこでも暮らしていける自信がついた。

牧場に行く前は不安に思っていたが、意外と不便ではなかったこともあった。まず、近くに買い物をする店がないことだ。中洞牧場から一番近いスーパーやコンビニまで行くには、約25km程の距離がある。以前は歩いてすぐのところにあったので、車で30分もかかるなんて遠くて不便だろうなと思っていた。しかし実際住んでみれば、休みの日にまとめて買い

物をすればなんの問題もなかったし、むしろ日々の無駄な浪費がなくなり経済的だった。今まで物に溢れた環境で生活をしていたため感じなかったが、生きていくために本当に必要なものは実はそんなに多くないということに気がついた。

　牧場に行く前に不安に思っていたことのもう一つは、共同生活だ。中洞牧場で働くスタッフのほとんどが牧場内の研修棟で生活し、風呂・トイレ・キッチン・ダイニングを共同で使用している。これらの場を今まで家族以外と共用したことがなかったので、ストレスに感じるのではないかと不安を抱いていた。しかし、仕事以外の時間も同じ空間で過ごし、食事を共にする中で、一層深く互いのことを理解するようになった。今までは家族や気の合う友人とだけしか深い付き合いをしてこなかったため似たような価値観の中にいたが、ここでは多様な価値観に触れてとても刺激的な日々を過ごした。

　また、岩手で一年間生活したことで四季の移り変わりを肌で感じたことが思い出深く残っている。夏になると山肌の野シバが青々と茂り、秋になれば木々は様々な彩りにあふれ、冬は芯から凍るような寒さと一面の銀世界。そして、厳しい冬を乗り越え春の訪れとともに一斉に新緑が芽吹く。これほどまでに春の訪れを嬉しく感じたのは初めてだった。これまで、四季の移ろいと言っても気温の変化でしか感じていなかったものが、これほどまでに色彩に満ちたものだということを実感した。

　自然にかこまれて生活する中で、五感がどんどん研ぎ澄まされていくような感覚を味わった。都市部での生活では無機質なものと触れ合うことの方が多く、もしかすると本来人間の持ち合わせている五感が鈍っていたのかもしれない。

　牧場での生活を始めてから、以前にも増して食事が美味しく感じるようになった。仕事がとても忙しく、これまでの何倍も体を動かしているからだ。私の仕事は商品の梱包と発送で、山に登って牛を追うわけではないのだが、製造された乳製品を運び、梱包する作業は思った以上に体力を使う仕事だった。

　発送の仕事というと、商品を梱包して、伝票を貼るだけだと思われるか

もしれないが、実際はそんなに単純なものではなかった。中洞牧場では牛乳やヨーグルトを始め、プリンやバター、アイスクリームやカレーなど、多品目が製造されている。またこれらの商品はそれぞれ容器や保存方法も異なり、組み合わせにより箱詰めの方法も様々で、最初は数多い梱包パターンを覚えることに苦労した。中洞牧場の商品は、一般的な乳製品に比べると決して安いものではない。ある人にとっては頑張った自分へのご褒美だったり、またある人にとっては大切な人への贈り物だったりと、特別なシーンで利用していただくことが多い。だからこそお客様の手元まで、不備なく完璧な状態でお届けしなければと心得ていた。牛が乳を出し、飼育スタッフが搾乳して、それを製造部門が加工する、そして最後に私たちがお客様に向けて発送する。お客様への最後の橋渡しとなる私たちがミスをすれば、どんなに良い乳製品を作っていてもその良さを正しく伝えることができない。上司からも「発送スタッフは最後の砦」と言われていた。その言葉をいつも胸に、責任感を持ち気を引き締めて働いていた。

　中洞牧場での1年間の研修を終え、主人は故郷の愛媛県での独立を目指して岩手を後にした。

　愛媛に拠点を移した夫は、放牧酪農を行う牧場で働きながら、独立するべく土地探しをしていた。愛媛に来てから1年ほど経った頃、夫は「牛ではなく、ヤギを飼おうと思う」と言い、ヤギを飼いだした。搾乳したヤギ乳でヨーグルトやチーズ、ジェラートなどの乳製品を自家用に作ってくれた。私は正直なところ乳製品があまり得意ではないのだが、不思議とこれらの乳製品は食べられた。市販されている乳製品にある乳臭さがあまりないのである。

　そして更にしばらくすると、「ヤギ乳の前に、まずはヤギ肉の販売に取り組んでみたい」と言いだした。なぜ、牛ではなくヤギを飼うことにしたのか、なぜ乳ではなく肉を第一に生産しようと思ったのか、その理由はいつもしっかりとあり、夫は常に先を見て決断していた。何より、今後自分がやっていきたいこと、伝えたいことを明確に持っていた。私は夫の提案にいつも、少し驚き、ワクワクさせられた。もしかしたら今後も、思わぬ方向転換があるのかもしれないが、今後のことはわからない。不安がない

わけではないが、先がわからないからこそ面白いのだと思う。

　現在、耕作放棄地を借りて夫と一緒にヤギの放牧に取り組んでいる。住んでいる地域は、もともと葉タバコの栽培がとても盛んな場所だったのだが、時代の流れから離農が進み、多くの農地が耕作放棄地となっている。長年放置されていた耕作放棄地は、背丈以上の茅が茂っていて見通しも悪く近隣では猪による獣害も深刻である。作物を栽培するには良い条件とは言い難い土地ではあるが、ヤギたちにとっては楽園のようだ。せっせと草を食み、崖のような急斜面を軽快に駆け上がり、日光浴をしながら気持ちよさそうに反芻をする。自然の中でのびのびと暮らすヤギの姿は、見ているだけでとても癒される。

　まだまだ駆け出したばかりで課題が山積みではあるが、夫婦二人で協力して道なき道を開拓していきたい。やりたいことを見つけて突き進む夫と共に生きる毎日は、変化に富んでいてこの上なく面白い。　　2022年2月記

見て、感じて、食べて、癒され、学べる牧場をつくりたい

柳　美子
_{やなぎ　よしこ}

神奈川県藤沢市出身／山梨県北斗市在住

　なかほら牧場で約1年間研修をさせてもらい、夢が現実に近づきました。具体的に得られたものは酪農の知識というよりは、試行錯誤しながら、時には失敗もしながら、前進する力です。また、一緒に作業し生活した牧場の社員や研修生、先輩卒業生、またコロナ禍で例年よりは少なかったけれど牧場を訪ねてくる関係者やお客様との交流も、大きな糧となりました。

　私の夢は、自分で山地酪農を実践する事で、2022年（令和3年）現在山梨県で準備をしています。といってもキラキラの若者ではなく……約22年間の会社員人生を経て初めて熱く抱いた夢です。会社員時代の仕事はコンピューター系で農業とは縁もゆかりもなかったのですが、山が好きで、

山を活かした仕事をしたいと思っていて出会ったのが、山地酪農でした。小規模であれば一人での運営も不可能ではなさそうな事、山を活かし地球環境にも牛にも人にもやさしい事業である事、自分が、乳製品が大好きな事などを鑑みて、これだ！　と思い、早速中洞正師匠の著書を読み、自分なりに調べ考え、退職と山地酪農を始めるための計画・手配を始めました。山地酪農は日本の酪農ではレアなので、まずはスタンダードな酪農も経験したいと思い、北海道の一般的な牧場で短期アルバイトをし、その後山地酪農を体験するため、研修生を受け入れている中洞牧場にお願いしました。本来長期研修生は2年間以上なのですが、年齢もあり早めに開牧準備をしたいので1年間で……。

　当初研修で得たいと考えていたものは、①山地酪農の知見 ②自分と牛との相性 ③仲間④山地酪農が本当に「山を活かし地球環境にも牛にも人にもやさしい」酪農である事の確認、でした。結果は冒頭にも書いたように、期待通り得られた項目もあれば、まだまだ足りないと思う項目もあります。①知見について、特に酪農知識はまだまだですが、これは最低限の知識があれば座学や知見者に助けてもらいながら何とかなると考えています。山地で必要な植生の知識についても、気候や土壌によっても異なるので、実践しながら試行錯誤することになると思います。中洞師匠の「実践ありき」の精神が、アジャイル方式で軌道修正していくやり方が好きな私には違和感なく受け入れられました。山地での放牧で必要な一通りの作業もさせてもらえ（若い仲間との作業は体力的にキツいこともありましたが……）、卒業前に少しだけですがバックホーの操作も経験させてもらえたりもし、他ではできない経験をたくさんさせてもらえたと思います。②牛との相性は、少なくとも自分→牛は、予想以上に好きになれたのが大きな収穫でした。牛から信頼されたかどうか……自信はありませんが、一度、通じ合えたかなと思う出来事はありました。ある牛の分娩後1週間くらいだったと思いますが、子牛の調子が少し良くないうえ夜冷え込むため、夕方の搾乳時、搾乳小屋内の子牛区画に保護したところ、母牛は搾乳が終わっても子牛が自分の元に戻ってこないので、ずっと、搾乳小屋の前から離れず子牛を待っていました。搾乳小屋の掃除が終わってもまだ居るので

「預かってるからねー。大丈夫だよ」と言い聞かせると、回れ右をして山に帰って行ったのです！（母牛は、山に帰らないと草を食べられないので弱ってしまいます）。日本語が伝わったとは思えないけど、嬉しい出来事でした。③「仲間」は、最初は他の社員や研修生との親子にも近い年齢差にビクビクしていましたが、卒業する頃には信頼関係もでき、卒業後も励ましたり助け合えたりする関係になれたと思います。また先輩卒業生たちとも交流を持て、みな経営の話も含め惜しげもなくアドバイスをしてくれます。中洞師匠の理念が受け継がれ、山地酪農を広めたい、仲間を増やしたいという気持ちがあるのだと思います。自分も早く軌道に乗せ、先輩に恩返しすると同時に後輩に役に立つものを残せるようになりたいと思います。④山地酪農の現実は、何をもって「やさしい」と言えるのか、簡単に答えが出る問いではありません。特に牛にとって何がやさしいと判断するのか要素が多く、舎飼いに比べ自由であることの引き換えに事故などもあり、牛の命について考えさせられる事も何度かありました。回復する確率の低い病気や怪我をした牛に対して、どこまでコスト（時間を含め）をかけるべきなのか、など本当に悩ましく、今後も避けては通れない課題だと思います。しかし自然の中でのんびり過ごす牛たちを見ると、家畜とはいえ屋外で自由に過ごせる時間はやはり大切なのではないかと感じています。自分で実践する際には小規模で、出来る限り牛にも寄り添い、環境負荷をかけず、運営側の自分や関係者にも無理なく継続出来るように、試行錯誤を続けたいと思います。

　また研修の副次的効果として、これまでの人生で未経験だった長期間の共同生活でも多く学びがありました。メンバーは年齢も出身地も経験も価値観も多様で、その場その場では価値観の違いなどで悩むこともありましたが、お互いが尊重する事で補い合えたり、自身の学びになる事も多々ありました。何より、誰よりこれまで大変な苦労をされ知識も経験も豊富な中洞師匠が、若造の私たちの発言や意見を最後まで聞き尊重して下さるので（大体お酒の席ですが 笑）見習いたいと強く思いました。

　そして最後に、まだまだこれからですが、私が目指す山地酪農は、見て、感じて、食べて、癒され、学べる空間と、美味しく健康になれるヨーグル

トを提供できる牧場です。なかほら牧場の景色は四季折々素晴らしく、研修棟リビングから、美しい野シバ（或いは雪）の中で牛がのんびり過ごしているのを眺めるのが大好きでした。このような空間をもっと気軽に、多くの人々に体感してほしい。また、日常的に口にしている牛乳や乳製品が、どのように生産されているか、もっと多くの消費者に知ってほしい（私自身、山地酪農を目指す前まであまり考えていなく、恥ずかしいくらい無知でした）。その上で、どのように製造された商品を選ぶのかは消費者の皆様で、一般的な大量生産の安価な牛乳を必要とする消費者もいると思いますし、大量には必要なく安全でエシカルである事を重要視する消費者もいると思います。その選択肢のひとつとなれたらと思います。

　また現在準備をしている山梨県は、東京圏から日帰りでも行き来できる位置であり、かつ、山が多く自然に恵まれ水も美味しい素晴らしい場所です。また県としてもアニマルウェルフェアを推進しており、本年には県独自の認証制度も確立されましたので追い風になってくれると思います。

　理想と、営利事業として成立させることとの両立は大変難しいと思いますし、私にはまだまだ足りないものが多いですが、準備時点の現在でも多く応援や協力をいただいています。何より私の人生で初めて抱いた大きな夢なので、覚悟を持って引き続き取り組み、実現させたいと思います。

2022年2月記

国土保全をめざす山地酪農
吉野恭涼
よし の きょうすけ

27歳／東京都国立市出身／中洞牧場スタッフ

　私となかほら牧場の出会いは、大学2年生20歳の冬だった。東京農業大学に通う私は国際農業開発学科、農業開発政策研究室に所属し、同級生と春休みの実習に行こうと計画をしていた。そのなかで研究室のOBが面白い牧場を営んでいると聞き、岩手に足を運ぶことになった。そのOBこそ中洞

牧場の中洞正氏であった。中洞氏は現在の国際農業開発学科の前身である拓殖学科18期、私が58期、つまり40期上の大先輩である。東京農業大学はOBOGとの関わりが非常に深く、OBのもとで実習した学生が独立して後輩の実習を受け入れるというようなサイクルがある。特に中洞氏は大学への愛が一際強い時代の人間であるため、私自身実習のときはたいへんよくしていただいた。寒い夜を越えるため酒の味もここで覚えた。中洞牧場での研修中には、中洞氏による講義の時間が設けられる。そこで聞いた内容は、当時の私に強い衝撃を与えた。山地酪農という考えを初めて聞いた。畜産が山と共生できることを初めて知った。講義ではいつも最後に、「日本を支えるのはお前ら若者だ。」と鼓舞してくださった。自分で牧場を開くことを初めて考えた。

　最初の実習からの帰り際、中洞氏の「また来いよ」の一言は、私の人生を変えたと言っても良い。いい経験になったと満足していたはずの私が、「また行かなきゃ」と思ってしまったのだ。そこから長期休みの度に足を運び、山地酪農をテーマに卒業論文も執筆した。

　卒業後は牧場で働くことも考えたが、農協の食農教育事業に興味もあり地元のJA東京みどりへ就職した。中洞氏には苦笑いされたが、将来的に中洞牧場に来るとしても、社会経験を積みたいとも考えていた。今思うとすぐに牧場で働くことに自信がなかった面もある。ただ現実も簡単ではなく、農協では共済事業（保険）に配属された。やはり現場で働きたいという思いが強まっていた頃、『しあわせの牛乳』が出版され、その発表イベントに伺った。会場の質疑応答の時間で、研修したことのある人間に話を聞きたいという流れから、「将来は中洞牧場で働き、自分の牧場を開きたい」と口走ってしまった。中洞氏にも伝えていなかったことだったため、後日改めて連絡し岩手に行くことを決めた。

　2019年3月末に農協を辞め、10月から中洞牧場で働くことにした。それまでの半年間は人生の春休みとして、スーパーカブで農家を巡る日本一周の旅に出たり、スイスで1カ月実習もした。

　現在私は事務スタッフとして働いている。業務内容は配送伝票の作成や、来客対応、その他諸々牧場の管理等だ。中洞牧場は単に山地酪農を行うだ

けでない。製品の製造・販売まで一貫する6次産業型の牧場であり、多く
の来客や研修生を迎え山地酪農を広める使命をもっている。事務スタッフ
だからこそ販売と来客対応両方に携わることができ、飼養班でなくとも有
意義な仕事となったと思う。しかし2020年（令和2年）には新型コロナウ
イルスの影響で、来牧者数を絞ることを余儀なくされた。岩手の僻地に年
間200人近くの来牧者がいたが、普通の田舎と変わらない環境となってし
まったのは誤算だった。

　コロナで空いた期間は、自己研鑽に費やした。狩猟免許の取得や林業研
修の参加、牧場作業の手伝い、中洞氏と共に山作業も行った。岩手から出
ずとも自分の世界は広がった気がした。

　将来の展望、私の人生のテーマは「食と農を紡ぐ」ことだ。これは学生
時代から一貫して、自分の人生の指標になっている。そして中洞牧場を経
て自らの牧場を構えてそれを実行したい。

　私は学生時代に様々な農家を訪れることで、一般消費者から生産者の立
場に近付くことができた。農業は儲からないし大変そう。生産者が何かし
らこだわってるから高くて美味しい。というイメージは現場に立つことで
払拭された。こだわってなかろうが、見た目が悪かろうが、大変な分農業
が好きになると知ったのだ。自分が汗して育てたものは美味しいことを
知ったのだ。その経験があるだけで、食と農について考えるきっかけにな
ると思う。

　ただ、そういった経験をできる場が少なすぎる。私も東京農業大学に通
うまでの農業体験といえば、祖母の家や小中学校での農作業体験だけだっ
た。東京出身者の中ではこれでも土に触れる機会は多かった方だと思う。
さらに畜産はより閉鎖された農業であり、家畜は見えずに臭いと看板だけ
が存在を証明しているような状況だ。それでは生産者と消費者の距離が縮
まらないのは当然である。

　私が考える食と農が紡がれた状態とは具体的にどういうことか。消費者
の立場からは、日頃口にしている食物について、誰がどこでどのようにい
つ作られたものか情報を認識している、あるいは常態的にその情報を意識
していることだ。これは子供から大人まで全ての世代、生産者を含め食物

を消費するすべての人に該当する。コンビニ弁当やファストフードを全否定する訳ではなく、この鶏肉がどこでどう育てられたかを意識していることが必要なのである。生産者に必要とされるのは、透明性のある情報発信だ。消費者が求める情報を提示し、そこに信頼関係が結べたのなら、食と農は紡がれたと言って良いと思う。

　生産と消費の乖離には、時間的（生産、製造から提供までの時間）・距離的（生産地、製造地からの物理的距離）・段階的（加工の過程）の3種類あると言われている。さらにこの溝が深まるにつれて、消費者の現場への関心は低下すると私は考えている。中食・外食が多い近年、コンビニに並ぶ食品において、その生産・製造の方法を知ることは困難だ。とりわけ牛乳は生産現場を見られることはほとんどない。搾乳から集乳、加工、流通など、外国産飼料を含めれば段階的乖離は非常に深いものとなっている。まさに情報の見えない黒い牛乳だ。このテーマに至った学生時代は、産直サイトや農業系情報誌の仕事に就く道も考えた。その方が輝かしく、生産者と消費者を紡ぐ行動に思えていた。しかし、中洞氏を見て現場の説得力に勝るものはないと感じた。自分が汗して得たものが言葉に力を宿すことになると思い、現場から発信したいと考えた。私が経験したように、都会では得られない体験から食・農に関心を持つ、そんなきっかけになる牧場を作りたい。

　私は山を一から開拓しながら山地酪農を実践し、人が集まる牧場を作りたいと考えている。就農を決心した当初は、最低限放牧をして販売に注力したいと考えていた。しかし中洞氏との山作業を通して、山地酪農の本懐を感じ、私がなぜこの道を志したのかを思い出した。幸せな牛のミルクであれば山にこだわる必要はないが、山地酪農に求められているのは未利用地に産業を創造し保全していくことだ。放牧場の跡地を活用するのもいいが、放置林を開拓することに魅力を感じている。

　さらに事務仕事を通して販売の難しさを知り、放牧だけでは表面的な商売になってしまうとも感じた。いま消費者が商品に求めている「背景」を利用している構図にならないよう心がけたい。開牧する場所も山も探すところからのスタートになるが、その背景も情報として届けたい。これから

この大きな理想を現実に近づける作業をするべく、なかほら牧場での職務を実行し、仕事以外の場所でも自己研鑽に励みたいと思う。

2022年2月記

山地酪農家を目指して
戸田苑美
<small>と だ その み</small>

23歳／埼玉県日高市出身／中洞牧場スタッフ

　私が酪農家になると決めたのは中学生のころです。座学が嫌いだった私は、自然の中で体を動かしのびのびと働ける仕事として、将来の夢に酪農家を選びました。周囲の勧めで高校は普通科に進みましたが、酪農家になる夢を現実に近づけるため、一冊の本を手に取りました。表紙の写真で選んだその本は古庄弘枝著『モー革命』という本で中洞さんのことを中心に書いた本でした。その内容は衝撃的な現実を私に突きつけてきました。

　日本の約九割の乳牛は、広い草原には放たれず、1年中牛舎につながれている。糞をする位置さえ痛みを伴うコントロールをされ、固い寝床で寝起きする。母牛は仔牛を舐めることもできずに引き離され、仔牛は粉ミルクで育つ……。牛の本来の姿を奪い、生産性を求め大規模化していく現代酪農は国に支えられ、私が目指す酪農家はほんの一握りしかいないのだと知りました。そして、時代の流れに逆らいながら、牛と山とともに理想の酪農を実現した、一握りの酪農家である中洞牧場に行きたい、と強く思いました。

　初めて中洞牧場を訪れたのは高校2年生の夏休みです。半日以上かけてたどり着いた山奥の牧場は、想像を超える光景でした。野シバが広がる大きな山を、おいしい草と心地よい場所を探しながら牛たちが群れで移動していました。近寄ると、牛が短い野シバを舌で巻き取り、引きちぎる音が聞こえました。広く涼しい黄緑の斜面で、牛が草を食む力強い音を聞き、私は山地酪農の魅力に一気に引き込まれました。

酪農を実践的に学ぶために県立農業大学校に進学した後も、東京で行なわれた中洞さんの講演の聴講や、夏休みなどを使った中洞牧場での研修などで、山地酪農への理解を深めていきました。中洞さんの講演では、畜産業の在り方について考えさせられました。

　「本来の畜産は、人間が栄養にできない草をエネルギーとする動物を飼養し、私たち人間が食べることができる肉や乳を生産する形だった。しかし、今では肉付きや乳量を増やすために、人間が利用できる穀物を与えている。私たちがこれからやるべき酪農の姿は生産性を求めた大規模化ではなく、牛の能力を活かし、自然のままに育てる酪農であり、それこそが畜産業の存続できる唯一の方法だ」。中洞さんはどこでお話をされるときも一貫してこのことを伝えており、私はその考え方に共感しました。そして、牛が本来あるべき姿について、興味を持ちました。

　中洞牧場には、山地酪農の牛の飼い方に興味を持つ人や、考え方に賛同した多くの人が年間を通して訪れます。中洞さんはたくさんの知り合いの方の中から、帯広畜産大学でアニマルウェルフェアの研究をしている瀬尾哲也先生を紹介してくださいました。瀬尾先生の話から、アニマルウェルフェアの考え方や活動内容を知り、もっと知りたい、勉強してみたいと思い、帯広畜産大学への編入を決めました。

　北海道の大学生生活は、自分の夢や目標を具体的かつ現実的なものにしてくれました。畜産分野の研究は私の想像以上に幅広く、講義や実習を通して新しい情報や研究を知る事が出来ました。また、農業大学校より学生も先生も多いため、たくさんの人の考え方に触れる機会にあふれていました。同じ酪農でも、放牧に興味がある人もいれば、フリーストールでのロボット搾乳で大規模にやりたい人もいて、相反する方法を支持する人と意見を交換し合える場は、とても有意義なものになりました。そして、酪農家になる夢を持つ仲間もできました。

　また、授業後には保育所でのアルバイトをしていました。自分が大人になってから子供と密に関わることはなかったのですが、アルバイトを始めてからは子供の教育にも興味を持ち始めました。街の中で過ごす子供たちは自然に触れる機会がとても少なく、遊具のない公園での遊び方を知らな

い子もいました。そんな中で私が一番危機感を持ったのは、子供たちが食べ物の生きてきた過程を知らないことでした。

　自給自足をしていた時代に比べ、現代は生産者と私たち消費者が、輸入品などに代表される物理的な距離と、両者の交流という心理的距離の二つの面で離れています。子どもだけでなく大人も、スーパーで売られている形しか知らない人が大勢いる、と感じました。それは自分自身にも当てはまります。オクラが空に向かってなること、バナナはクローンであること、牛は出産しなければ乳が出ないこと。私は農業に関わるようになる高校生まで、これらのことを知りませんでした。私たちは日々、様々な命を自らの手で奪うことなく食し、生きています。そのことを自覚し、その命の重さを知ることは義務だと思います。そしてこの思いから、山地酪農での畜産現場で食育をやりたい、と思うようになりました。

　特に関わっていきたいのは都会に住む子供たちです。人工的なものに囲まれて生きる子供たちが、私の牧場に訪れ、何百年も昔から存在していた本当の自然に触れ合う。自分よりはるかに大きい牛に触れ、その牛が暮らす山で駆け回って遊ぶ。お腹が空いたら野菜を採り、火をおこしてご飯を作る。牧場で過ごす中で、生きると死ぬと食べるを繋ぎ、子供たちが「いただきます」の意味について考えられるような環境を作りたいと考えています。

　現在、私は中洞牧場で製造スタッフとして働いています。プラントで製造の技術を覚え、休日は山で牛に触れたり、中洞さんに山の整備や管理の技術を学んだりする日もあります。そして少しずつ、保育士の資格を取るための勉強もしています。中洞牧場での生活は山が基本です。山の中で牛を飼い、乳製品を作り、消費者と交流し、夢を現実にしていくための学びであふれています。時には自分の不甲斐なさに憤り、悩む日もあります。しかし、少し山を登れば健やかな牛がいて、同じ独立の夢を持つ仲間が支えてくれることで、また前を向くことができます。中洞牧場は、私たち山地酪農家を目指す若者が大きく成長できる環境なのです。

　中洞牧場を知ってから、同じ夢を志す人や牛の幸せに考慮した飼い方を研究する人、山地酪農の意義を理解してくれる消費者など、たくさんの人

と出会う事が出来ました。私も中洞牧場のように、幸せな牛の牛乳を求める人が集まり、山地酪農を通じてたくさんの人と命を繋げていく場になる牧場を作りたいです。　　　　　　　　　　　　　　　　　2022年2月記

私の夢
大坪　渚
<small>おおつぼ　なぎさ</small>

19歳／岐阜県高山市出身／中洞牧場で研修中

　私が初めて中洞牧場に来たのは岐阜県の農業高校時代でした。そして卒業後、長期研修生として1年間の予定でお世話になっています。

　中洞牧場での生活は特殊で、一つの家の下に、十何人も住んでいて、みんな思う事、感じる事はそれぞれ異なります。共同生活が楽しい時もあれば、息苦しい時もあります。それでも、一緒に暮らしていると、職場の人という感覚から、友達や、家族のような感覚になっていきます。この経験は、中洞牧場でしか味わえない貴重なものだと思います。

　牧場の人によく将来の夢の相談や、仕事の相談をします。みんなはいつも親身に聞いて下さって、励まして頂いています。中洞さんの奥さんがよくおっしゃっている、「一人で生きてるんじゃないんだよ」という言葉は私の胸に深く刺さっています。その言葉を聞いた時、たくさんの人に助けてもらいながら自分は生きているんだなと感じました。

　相手から見れば、自分に全く関係のない話だったり、何の得もない話だったりするのに、私のために時間を割いて、よりよい方向に行けるように応援してくださいます。

　仕事、夢のためにがんばるぞと思うと共に、生きる上で大切なことも皆さんに教えて頂きました。自分だけ助けてもらうのではなく、自分も、誰か困っている人、悩んでいる人がいたら助けられる人になりたいと考えています。

　中洞牧場の共同生活を通して、相手を思うだけでなく、自分の時間を持

つこともとても大切だと強く感じました。共同生活では、常に牧場の仲間がいてくれるため、一人になる時間がありません。誰かがいると、安心してすぐ人に頼ったり、自分で問題を解決する事が減っていきがちになります。

　言われたままに動いてしまうようになり、場合によっては、自分のやりたくない事をするようになった時もあり、自分の考えを持って、断る勇気も必要だと感じました。

　「いいね」や「わかりました」と言うのは、気が楽です。いっぽう私はこう思うから違うと伝えたり、やりたくないと言う時は少し怖くて勇気が要ります。共同生活、仕事をしていく中で、自分の思いや考えを伝えたり、表現できる人になりたいと思うようになりました。

　そのためには、今自分が何をすべきかを考える事が大切だと思います。そして、やりたい事は夢中になってやらないと、自信がつかないと思います。やりたい事が出来るように自分の思っている事を言葉にして、行動できるようになりたいです。

　中洞さんが私達によく話して下さる話があります。「夢は語らなければ叶わない」。夢を人前で話す時は「叶えられなかったらどうしよう」と思ったりして緊張します。

　しかし、話終わった後は、今夢を話してしまったからにはやらなければならない、叶えてやるぞと強気になれます。だからこそ自分の考えを堂々と話せるようになって、人に流されないようになりたいと思っています。

　中洞さんは、毎朝早起きをして、原稿を書いたり、本を読んだり、調べものをしたりされています。そして日中には山仕事をしています。70歳とは思えない強靭な肉体を持っています。私は、中洞さんから、継続することの大切さを学びました。

　同じ事を続けようと思っても、嫌な事があると途中で諦めたりします。しかしそれを乗り越えて続けると、色んなアイデアが思いついたり、前より出来るようになったりして、達成感、楽しさ、自信がつきます。

　私も継続することを習慣化しようと日記と懸垂を続けています。中洞さんは、「知性を磨くには読むことと書くことから始まる」とよく言われます。山地酪農の提唱者猶原恭爾博士の著書『日本の山地酪農』を書き写しそれ

を声を出して読むようにと言われ、これも習慣化しています。懸垂は最初はほとんどできなかったですが今では20回はできるようになりました。中洞さんがよく言う「継続は力なり」です。

中洞牧場で一番楽しい時間は、食事の時間です。2番目は山仕事です。3番目は牛との時間です。牧場には多くの人が一緒に住んでいるため、食材が豊富にあります。みんな好きな料理が違い、全国には色々な食材があることをここに来て知りました。

その中で「かっけ」という料理があります。うどんやそばを平らにして三角形に切り、それを茹で、にんにく味噌をつけて口にほおばります。とっても美味しいです。中洞牧場のある岩泉ではとっても美味しい事をくるみ味がするというようです。かっけは本当にくるみ味でした。ずうっと食べ続けたくなるような食べ物です。

私も将来は畜産農家になります。肉牛を育てて、沢山の方に食べて頂けるようにします。私の育てたお肉を食べて頂く時に、奥さんが言ってた「人は一人で生きているのではない」ということも伝えられるようなお肉にします。僕の夢は世界一元気な牛を育てる事です。黒毛和種のグラスフェッドビーフに挑戦します。山地酪農は人間社会を豊かにするためにあります。僕の農場も人間社会を豊かに出来る牧場を目指しています。

世界一元気な牛を育てたいという夢には、元気な牛のお肉を食べれば人間もより元気になり、牛が牛らしく暮らせる環境で私も一緒に生活したいという思いを込めています。動物も植物も人間も自然の摂理に沿って生きないと、心も体も健康でいられないと思います。私の牧場から生き生きと暮らせる生活をみんなに広げたいと考えています。

そのためにまずは、生きる事を頑張りたいと思っています。「生きる事を頑張る」という考え方は、中洞さんから教わりました。私にとって生きる事を頑張るとは何かを日々考えています。必死に仕事をする事？　好きな人に夢中になる事？　勉強する事？　丈夫な体をつくる事？　色々あって今どれを頑張らないといけないかまだピンと来ていません。今の自分の生きがいって何なのかな？　とよく考えます。夢に近づきたいけれど、近づけていません。夢に近づくために、人を恐れていたりしていては前に進

めません。やりたい事にもっと立ち向かえる勇気を持ちたいです。

　私が牧場に来た年は変わり目の時期で、牧場長が代わったり、人が多く退職したりしました。そうした日々の中で感じた事は、助け合いの大切さです。特定の人だけ頑張ったり、人任せになったりすると、その人が苦しい思いをするし、自分の暮らしに満足感がなくなったり、人の痛みを感じる事が出来ず、思いやる心が失われていったりします。私はこれを心で感じる事が出来ていません。牧場は共同生活の場であり、お互いの事を思いやらないと、みんなが楽しめる生活にならず、身内だけが楽しんでいるような状況になるのはさみしいことだと思います。

　中洞牧場を出る時には、牧場の事が大好きだという気持ちを持ってここを去りたいし、中洞さん、奥さんにも気持ちよく引退して頂きたいです。私に出来る事は助け合いです。提案したり、みんなに思いを伝えるには勇気が要ります。生きていく中で大切な事を教えてくれたのは中洞牧場のみなさんです。

　中洞さん、奥さん、牧原さん、田中さん、戸田さん、戸田さんの弟さんの舜さん、浦川さん、露木さん、松本さん、岩楯さん、大橋さん、岡田さん、志知さん、河井さん、吉野さん、松下さん、工藤さん、小田さん、川村さん、豊田さん、岡本さん、熊谷さん、柳さんに出会えて今の私があります。過ごした時間はそれぞれ違いますが、お世話になりました。僕の育てたお肉10年後みんなで食べたいです。よろしくお願い致します。

2022年6月記

おわりに

　近年の酪農における問題点は様々あるが特質すべきことはアニマルウエルフェアであろう。今までのような工業型酪農でウシの自由を奪い草食動物であるウシに大量の穀物飼料を与え、それが原因で様々な病気を発病し、本来20年は生きられるはずの牛が4〜5歳で廃用になっている。欧州の国の中では法律をもって牛の繋ぎ飼いを禁止している国もある。

　若者が酪農を志す理由の一つとしてウシの可愛さと悠々と放牧で草を食べてる風景を挙げるものが多い。それをもとめて、はるばる関東、関西、九州あたりからわざわざ北海道の畜産関係の大学に進むのである。ところが北海道の酪農現場をみて幻滅する。

　北海道に来るまでは広大は放牧地でウシが悠々と草を食んでいるものと想像していたが実際の現場はまったく違うものになっていた。スタンチョンという鉄製の首枷をはめられ身動きもとれない状態で牛舎のなかで隣のウシとの間隔も数十センチしかないような密飼いで飼われているのである。

　その周辺には糞尿が落ちそれがウシの体にも付いている。この様な状態を見て若者たちが酪農に対するあこがれを維持できるだろうか。また消費者に至ってはもっとシビアに判断するだろう。若者にそっぽを向かれ消費者に離反されたら、産業としての体をなさなくなるだろう。残念ながらこれが今の日本酪農の現実である。

　また、巷ではSDGsというフレーズがさまよい、新型コロナという病魔が全世界に漂っている。猶原博士は「千年家」という言葉で持続型酪農を表現し、山地酪農という形で提唱した。なんとそれは半世紀以上も前、我が国では高度経済成長期の「イケイケどんどん」の時代である。公害をばらまいても交通事故で毎年1万人以上の死者が出てもお構いなしに、守銭奴と化した国民が金の亡者と化していた時代である。

　そのような時代に「千年家」という思想で持続型酪農を唱え、いたずら

な規模拡大や大量生産を戒め、大都市に集中する経済システムに警鐘を鳴らし続けたのである。鬼籍に入った1987年（昭和62年）は山地酪農崩壊の大きな要素となった乳脂肪分3.5％の業界基準が制定された年である。不遇な晩年だった。

　不出来な教え子であった私だったが、それでも今では全国各地から若者たちが慕って来てくれる。中洞牧場でスタッフとして働いた者や研修生として学んだ若者たちが、各地で実践してくれていることは頼もしい限りである。この若者たちが後継者として山地酪農を次世代に伝えるとともに、日本酪農界に大きな一石を投じてくれるものと期待したい。

　2022年7月吉日

中洞　正

謝辞

　山地酪農を知ってから47年の歳月が過ぎた。その間、様々な人達に支援していただいた。幼少期の曽祖父、熊吉はその背中で人生の指針を教えてくれた。母セツ子は実現できそうもない夢を語る能天気な私を貧困の中でも支え続けてくれた。

　妻、えく子は酪農経験も全くない中、4人の子供を抱え家事から牧場作業まで一日も休むことなく働いてくれた。子供たちが皆すくすくと育ち、いずれも素晴らしい連れ合いとともに可愛い孫3人にも恵まれたのも妻のお陰である。

　会社組織になった20年前から私の片腕として頑張ってくれたのが小泉まき子さんである。交渉ごとの不得手な私を支え続けて会社としての形を構築してくれた。

　㈱リンクの岡田元治社長には窮地を救っていただいた。牧場に多額の投資をしていただき現在の中洞牧場を支えていただいている。2代目牧場長の牧原亨君には次世代の中洞牧場を託したい。

　編集者のオフィスふたつぎ二木由利子さんには3冊目のこの本の編集でもご指導いただいた。東海教育研究所の加瀬大さんには快く出版を受け入れて頂きお二人には心から感謝したい。稲佐知子さんに原稿のリライトをしていただいた。また、たかいひろこさんにイラストを描いていただいた。

　パソコンが不慣れな私を助けてくれたのが長男拓人の妻・はるかである。膨大な原稿をタイピングして貰ったお陰で予定通りのスケジュールで出版できた。牧場スタッフの河井智里、吉野恭涼両君、田中詠子さんにも協力いただいた。

　そして、最大の支援者は中洞牧場の商品を買い支えて頂いたお客様である。そのお客様方は商品の良さもさることながら中洞自身を応援してくれるために購入していただいたと思っている。今日の私があるのはこのお客

様方のお陰である。

　頭が地面につくまで下げ続けても感謝の気持ちは表現しつくせない。

　最後にこの著書を可愛い3人の孫、瑠亜、茉弥、塁斗に捧げる。

　「第3章 中洞式山地酪農技術編」は養賢堂刊『畜産の研究』第67巻3号（2013年3月号）から14回にわたって掲載されたものに加除修正したものである。その当時のスタッフ田原望実（現・三宅）さん、島崎薫（現・花坂）さん、小泉まき子さんほかの皆さんに執筆の協力があった。感謝したい。

　「第4章 中洞式山地酪農を振り返る」は全国農業新聞『農人伝』というコラムで2015年4月3日付けから10回にわたって掲載されたものに加除修正したものである。フリーライターの榊田みどりさんの協力のもとに書き上げたものである。改めて感謝申し上げたい。

　2022年7月吉日

　　　　　　　　　　　　　　　　　　　　　　　　中洞　正

著者略歴

中洞　正（なかほら ただし）

1952年岩手県宮古市生まれ。山地酪農家。中洞牧場創設者。2005年より東京農業大学客員教授。2019年より帯広畜産大学非常勤講師。内閣府地域活性化伝導師。東京農業大学在学中に猶原恭爾博士が提唱する山地酪農に出会い、直接教えを受ける。卒業後、岩手県岩泉町で酪農を開始。24時間365日、畜舎に牛を戻さない通年昼夜型放牧、自然交配、自然分娩など、山地に放牧を行うことで健康な牛を育成し、牛乳・乳製品プラントの設計・構築、商品開発、販売まで行う中洞式山地酪農を確立した。著書に『黒い牛乳』（幻冬舎）『幸せな牛からおいしい牛乳』（コモンズ）『ソリストの思考術　中洞正の生きる力』（六耀社）『おいしい牛乳は草の色』（春陽堂書店）ほか。

中洞式山地酪農の教科書

発行　2022年7月28日

著　者	中洞 正
発行者	原田邦彦
発行所	株式会社東海教育研究所 東京都新宿区西新宿 7-4-3 升本ビル 7F 電話番号：03-3227-3700
企画編集	株式会社東海教育研究所 オフィスふたつぎ　二木由利子
執筆協力	稲佐知子
イラスト	たかいひろこ
校　正	庄康太郎　宮原拓也
印　刷	株式会社サンニチ印刷
写　真	ヒゲ企画　高橋宣仁
デザイン・DTP	WHITELINE GRAPHICS CO.

落丁・乱丁本は弊社宛お送りください。送料弊社負担でお取り替えいたします。
© Tadashi Nakahora 2022 / Printed in Japan
ISBN 978-4-924523-34-0